학교가 즐거운 아이로 키우기

일러두기

1. 저자와 추천사는 성명의 가나다순으로 실었습니다.

2. 본문에 등장하는 학생의 이름은 모두 가명이며 개인 정보 보호를 위해 사례의 일부 내용을
   변경해 실었습니다.

3. 한국에 번역 출간된 책이 본문에 언급된 경우 국내 제목을 따릅니다.

4. *표시는 편집자의 말입니다.

현장 전문가 교사들의 인성 교육 노하우

학교가 즐거운
아이로 키우기

김건 · 문서림 · 박경영 · 최명주 지음

SCHOOL

북하이브
BookHive

인성 교육, 누구나 그 중요성은 깊게 인식하고 있지만 막상 어떻게 교육해야 할지 너무 어려울 때가 있습니다. '아이의 내면에서 발견하게 되는 아름다운 도덕적 가치'를 찾아 아이들의 바람직한 성장을 돕는 내용을 담은 이 책은, 가정과 학교에서 생활지도 지침서로 사용하기에도 손색이 없습니다. 가정과 학교, 사회의 교육 현장에서 활용할 수 있는 사례와 참고 자료도 수록하고 있으며, 대학의 학생부종합전형에서 평가하는 인성 및 공동체 영역에 관한 내용도 포함하고 있어 교사, 학부모들이 오래 곁에 두고 때로는 막연하기도 한 인성 교육에 구체적인 도움을 받을 수 있을 것입니다.

- 권영신 성균관대 입학사정관실장(교육학 박사)

인성교육진흥법이 시행된 지도 거의 10년이 되어갑니다. 인공지능과 상호연결된 오늘날의 사회에서는 교육의 기본이라 할 수 있는 인성 교육에 더 많은 노력이 요구됩니다. 국가교육회의에서 실시한 2022 개정 교육과정을 위한 국민참여설문조사 결과에 따르면 "현재보다 더 강화되어야 할 교육은 무엇인가?"라는 질문에 인성 교육을 가장 많이 선택했고, 2024 경기도 내 전체 학교를 대상으로 학교자율과제 운영현황을 조사한 결과, '기본 인성 교육 강화'의 주제로 교육과정을 운영하고 있는 학교가 가장 많았습니다. 디지털 기반 사회에서 인간만이 발휘할 수 있는 특성을 잃지 않기 위해 인성을 교육할 필요성은 모두가 공감하고 있으며, 이제 중요한 건 우리의 실천입니다.

이 책은 선생님들의 현장 경험을 기반으로 초중고 학생들의 인성 교육을 주제로 삼아, 2022 개정 교육과정에서 추구하는 인간상과 인성 교육의 덕목을 연결한 내용을 알차게 담고 있습니다. 양육자와 교육자가 학생들 각자에게 잠재된 인간적, 도덕적 가치를 발견하고 이끌어낼 수 있는 실천적 내용으로, 우리 아이들에게 일상의 좋은 인성습관을 갖게 할 것으로 기대합니다. 교육이란 '학교에서 배운 것을 모두 잊어버린 후에도 남는 그 무엇'이라고 했습니다. 이 책이 바로 '그 무엇'이 될 하나의 지침이라 여겨집니다.

- 김수진 배곧초등학교 교장

독자 여러분의 학교는 즐거운 공간이었나요? 주위에 물어보니 너무도 다양한 대답이 나옵니다. 분명한 것은 학교라는 공간도 학생에게 친절해야겠지만, 학생도 자기 주도적인 학교생활을 위해 스스로 준비해야 한다는 점입니다. 학생들이 더욱 즐겁게 학교를 다니려면 어떤 마음을 갖추어야 하는지 알려주고 싶은, 현직 선생님들의 애정과 노하우를 이 책에 듬뿍 담았습니다. 우리, 아이와 힘을 합쳐 학교를 지루하고 힘든 곳이 아닌, 행복하고 즐거운 곳으로 만들어볼까요? 뜻있는 독자에게 《학교가 즐거운 아이로 키우기》, 마음을 다해 추천합니다.

- 김차명 참쌤스쿨 대표, 경기 실천교육교사모임 회장, (전)경기도교육청 장학사

디지털 전환, 기후와 생태환경의 변화 등에 따른 불확실한 미래 사회에 살아갈 우리 아이들. 양육자와 교육자, 혹은 세상

살이의 선배인 우리 어른들은 '어떻게 해야 아이들이 미래의 사회 구성원으로서 서로 존중하고 배려하며 협력하는 행복한 어른으로 성장할까'를 늘 고민합니다. 그 고민에 지침서가 되어줄 《학교가 즐거운 아이로 키우기》. 이 책 안의 인성 교육 노하우들이 초등부터 고등까지 성공적인 학교생활을 거쳐, 아이의 미래를 활짝 열어주기를 기대합니다.

- 정진영 배영초등학교 수석교사

3부 교양이 만드는 부드러운 교실 분위기

4부 더불어 즐거운 학교생활

여는 글

학교에서 학부모 상담을 하면 늘 듣는 질문이 있습니다.

"우리 아이, 학교에서 어떤가요?"

아마도 두 가지 마음이 담겨 있으리라 봅니다. '우리 아이가 정말 아무 문제없이 학교에 잘 다니고 있을까?' 하는 궁금증과 "○○이, 학교에서 최고예요!"라는 칭찬을 기대하시는 마음이 함께하는 질문이겠지요.

역동적인 학교에서 교사들은 아이들의 말과 행동에서 나타나는 여러 가지 마음 상태와 태도를 읽습니다. 그리고 종종 그 안에서 아름다운 도덕적 가치들을 발견합니다. 그런 가치들을 이 책에서 소개합니다. 우리 아이들, 한 명 한 명 다 소중하고 너무 예쁘지만, 유독 더 빛나 보이는 순간이 있습니다. 훌륭한 인성이 빛을 발하는 순간들을 놓치지 않고 기록하고자 각급 학교 교사 네 명이 모여 함께 쓴 책입니다.

아이들의 성장 과정에 중요한 도덕적 가치들을 2022 개정 교육과정의 인간상과 연결 지었습니다. 우리는 교육을 통해 정신적으로 성숙한 지성인을 기르고자 합니다. 그런 사람만이 미래 변화에 적응하고 더 나아가 변혁을 이끌 수 있습니다. 이 책에서는 이러한 교육의 목적에 도덕적 가치를 중심으로 '자기 주도적인 사람, 창의적인 사람, 교양 있는 사람, 더불어 사는 사람'을 키워내는 인성 교육 노하우를 소개할 것입니다.

책을 읽다 보면 이때까지 미처 몰라 포착하지 못했던, 혹은 중요하다고 여기지 않아서 지나쳤던 도덕적 가치를 많이 발견하게 될 것입니다. 이제껏 우리 아이의 그런 모습을 보고도 지나쳐왔다면, 앞으로는 아이를 적극적으로 칭찬하고 격려해 주는 계기가 되길 바랍니다. 또한 '우리 아이가 이랬다면 좋을 텐데' 혹은 '이런 아이도 있구나' 하는 생각이 드는 부분도 있을 텐데요, 그런 점들을 주의 깊게 살펴 우리 아이에게 가르쳐준다면 더 멋진 아이로 12년 동안의 학교생활을 해나갈 수 있을 것입니다.

우리가 중요한 도덕적 가치를 이해하고 아이들을 교육할 때, 인성 바른 아이로 성장할 수 있습니다. 다양한 사례에서 드러나는 아이들의 역동적이고 예쁜 모습들을 보시고, 중요한 도덕적 가치를 다시금 생각해 주세요. 더불어 우리 아이의 예쁜 행동이나 생각을 포착하는 안목을 기르실 수도 있을 것입니다. 이 책이 우리 아이들의 바람직한 성장을 돕는 길잡이가 되었으면 좋겠습니다.

1부

자기 주도적인
학교생활

CHAPTER 1.
자신을 존중하는 아이

그런 사람들을 만나본 적이 있지 않나요? 잘난 척하지 않으면서도 소신 있게 자신의 의견을 개진하고, 다른 사람들에게 '내가 존중받고 있구나' 느끼게 해주는 멋진 사람이요. 자신과 타인을 존중할 줄 아는 사람을 만날 때면 그 태도가 거울처럼 반영되어 우리도 그 사람을 존중하게 됩니다. 그런 사람은 잘못이나 실수를 하더라도 자기를 비하하거나 변명을 늘어놓지 않습니다. 잘못을 있는 그대로 인정하고, 자신의 존재가 아닌 잘못된 행동만을 되돌아봅니다. 튼튼한 자아상을 확립한 사람은 자신을 사랑하는 마음으로 성찰하며, 성장할 자신을 믿고 미래로 나아갑니다. 그 누구도 이런 사람을 함부로 대할 수 없습니다.

줄여서 '자존감'이라고도 흔히 일컫는 자아존중감은 미국의 심리학자이자 사상가인 윌리엄 제임스William James가 처음 고안해 낸 개념입니다. 처음에는 자신에 대한 기대와 반비례하고 스스로 이룬 성취와는 비례하는, 자기 자신에 대한 주관적인 판단을 의미했습니다.[1] 이후 미국의 학자인 에이브러햄 매슬로Abraham Maslow는 그의 논문 〈인간 동기의 이론〉에서 자아존중감을 인간이 가진 다섯 가지 욕구 중 하나라고 보았습니다.[2] 인간에게는 스스로를 존중하며 다른 사람들도 그렇게 해주기를 바라는 욕구가 내재해 있다는 것입니다. 진정한 자아존중감을 지닌 사람은 자기 자신을 정확히 인식하고 자신의 결점까지 포용하며 그에 대한 책임도 함께 집니다.

주변의 평가에 의해 좌우되는 자존심과 비교해 자존감은 타인의 평가와 관계없이 자기 자신의 내면에서 생성되는 힘이라는 점이 큰 특징입니다. 단단한 자존감 대신 자존심이 고개를 들면 아이는 불안해집니다. 좋은 평가를 받아도 그 상황이 지속될 거라는 확신이 없기 때문이지요. 자연히 교우 관계에서도 안정감을 느끼지 못합니다. 반대로 자신을 존중하는 아이는 외풍에 쉽게 흔들리거나 포기하지 않습니다. 자신이 가치 있는 존재라는 것을 믿기에, 실패를 경험하더라도 그것으로 자신의 존재를 정의하지 않습니다. 마음대로 되지 않는 상황이나 부정적인 평가에도 화를 쉬이 내지 않아 타인과의 관계도 원만하며 주눅이 들지 않아 얼굴에서 빛이 납니다. 자존감은 단순히 심리적 행복만이 아닌 실제적인 성취에도 긍정적인 영향을 줍니다. 연구 결과에 따르면 "학교 수업 영역(…), 교사 관계, 교우 관계, 학교규칙 등 학교생활 적응 하위 영역 모두에서 자아존중감과 통계적으로 유의한 상관관계"가 나타났습니다.[3]

건강한 자존감을 기르는 칭찬의 기술

자신을 믿고 존중하는 아이들은 학교에서도 변함없이 활력과 당당한 매력을 발산합니다. 다만 아이들은 공통적으로 어린 나이일수록 자기애가 강하고 자기중심적인데, 자기를 사랑하는 모습이 다른 사람에 대해 우열을 가리거나 선민사상 같은 우월 의식으로 발현되지 않도록 세심한 지도가 필요합니다. 특히 가정에서는 칭찬을 현명하게 활용하면 좋습니다.

자존감을 키우는 한 가지 방법을 예로 들어볼까요? 스스로

와의 약속을 잘 지키면 아이의 자존감이 향상되는데요, 우선 아이가 주변에 보는 눈이 없더라도 자신이 지키기로 약속한 규칙을 잘 지키는지를 살펴보고, 혹 지키기 어려운 약속을 했다면 수준을 낮춰서 잘 실천할 수 있도록 다시 목표를 설정해 줍니다. 아이가 자신과의 약속을 잘 지킬 경우 칭찬으로 강화해 주는데, 칭찬에도 기술이 있습니다. 관련 논문[4]에 따르면, 구체적인 단어의 사용과 칭찬의 내용을 상세하게 설명하기와 더불어 자녀의 '노력'을 알아봐 주는 것이 좋은 칭찬법이라고 합니다. '행동'에 대한 피드백으로 칭찬을 해주어도 좋습니다. 이 방법들을 종합해 보면, 아이가 숙제를 다 끝냈을 때 "숙제하느라 많이 애썼을 텐데 결국 다 했네! 끝까지 혼자서 해내다니 우리 ○○이 참 책임감이 강하구나!"와 같이 칭찬해서 숙제를 끝낸 행동에 초점을 맞추고, 거기에 들인 노력을 잘 알고 있다고 표현하면 좋은 효과를 볼 수 있겠지요.

자신의 장점을 충분히 이해하는 것도 자존감을 기르는 데 중요한 요소이니 장점 칭찬하기 시간을 마련해 보아도 좋습니다. 스스로의 장점을 먼저 적어보게 하고, 가족이나 친구들과 장점 써주기 롤링페이퍼 활동을 합니다. 자기도 몰랐던 자신의 강점과 장점을 다른 사람이 칭찬해 주면 누구라도 기분이 좋아집니다. 칭찬을 들은 아이는 긍정적인 마음과 더불어 장점에 대한 명확한 이해를 통해 '나는 이런 것도 할 수 있는 꽤 괜찮은 사람이야'라는 마음을 품게 될 것입니다.

자신의 장점을 파악하며 자존감을 키워가는 과정과 더불어, 즐거운 학교생활을 위해서는 다른 학생과의 차이를 받아들이는 태도도 필요합니다. 장점으로 여겨지는 개인의 성향도 다양한 학생들과 교실에서 함께 생활하다 보면 늘 장점으로 작용하지는 않을 수도 있기 때문입니다. 학교에서도 특히 신입생이나 새 학년이 된 직후 다양한 친구들의 장점을 파악하고 자신의 장점도 확인할 수 있도록 '긍정적 탐색 활동'을 진행하곤 합니다. 일주일 정도 탐색 기간을 두고 다른 학생의 긍정적 측면을 글로 작성하도록 하고, 학생들이 제출한 내용을 검토한 뒤에 각자에게 배부할 자료를 제작했습니다. 다른 아이들이 자신을 어떻게 생각하는지 무척 궁금해하고 설레는 표정으로 글을 읽으며 미소를 띠던 아이들의 표정이 생생하게 떠오릅니다. 반 분위기가 더 활기차게 바뀌는 건 덤이었지요. 친하게 지내던 사이가 아니더라도 아이들은 긍정적 탐색 활동을 하며 서로를 이해하고 자신과는 다른 성향을 지닌 타인을 존중하는 연습을 하게 됩니다. 여러 사람이 모인 학교에서 다른 사람의 장점을 찾고 기꺼이 칭찬하는 경험, 자신을 존중하는 만큼 타인을 존중하고 나 또한 존중받는 경험을 할 수 있다면 아이의 자존감이 건강하게 자라나지요.

성적 경쟁으로 자존감이 다치지 않도록

학생들에게 예민할 수 있는 성적 또한 자존감과 관련이 깊습니다. 초등학교에서 중학교를 거쳐 고등학교에 진학하며 점차 시험 보는 횟수가 늘다 보니, 결과에 좌절하거나 다른 사람과 자신을 비교하는 아이들을 종종 볼 수 있습니다. 남들이 보기에는 충분히 우수한 성적을 받는 아이도 자기보다 성적이 높은 학생을 부러워하거나, 성적에 만족하지 못해 자신감을 잃기도 합니다. 이럴 때 단단한 자존감이 발휘된다면 현재의 자신에게 집중해 앞으로 나아가야 할 방향을 스스로 설정할 수 있습니다. 노력한 결과에 만족하고, 쉽게 포기하거나 좌절하지 않으며 지속해서 성장하는 아이들을 실제로 학교 현장에서 만날 수 있습니다.

가원이는 내신성적이 다소 낮은 아이였습니다. 희망 고등학교 진학이 어렵지 않을까 싶은 성적이었는데 처음에 가내신을 보고 많이 충격을 받은 듯하더니 잠시 후 말합니다.

"선생님, 저 점수가 너무 낮은데요… 그래도 3학년 때 최선을 다하면 바꿀 수 있지 않을까요? 일단 해볼래요. 앞으로 플래너도 열심히 쓰고 진짜 한번 도전해 보겠습니다!"

가원이의 결심의 뿌리에는 자존감과 자신에 대한 믿음이 굳건히 자리하고 있었습니다. 그리고 이 결심은 지속적인 실천으로 이어졌지요. 반에서 진행하는 점심시간 면학 분위기 조성 프로젝트(점심시간에 함께 모여 조용히 공부하는 프로젝트)에 빠지지 않고 참여했으며, 어려운 부분은 부끄러워하지 않고 친구나 선생님들에게 틈틈이 질문했습니다. 가원이에게 중요한 것은 다른 친구들과의 비교가 아니라 자신이 세운 목표에 한 걸음씩 가까워진다는 실감이었으니까요.

성적 경쟁에 매몰되면 자존감을 다치기 십상입니다. 아이가 '절대 우위'보다는 '비교 우위'에 집중할 수 있도록 부모님의 격려가 필요합니다. 절대 우위와 비교 우위는 통합사회, 경제 교과서에서 무역 원리를 학습할 때 나오는 개념입니다. A 나라와 B 나라가 있고, 두 국가가 사과와 딸기만을 생산한다고 할 때, A 나라의 사과와 딸기 생산량이 B 나라에 비해 많다면 A 나라는 사과와 딸기 생산에 모두 절대 우위가 있습니다. 이런 상황에서도 두 국가 간에 무역이 이루어지는 현상은 비교 우위로 설명할 수 있지요. 비교 우위는 생산의 기회 비용이 적게 발생하는 품목을 찾는 것입니다. A 나라가 두 과일 중 한 품목 1개를 생산할 때 나머지 품목을 몇 개 포기해야 하는지를 따져 보면 두 과일 중 어느 품목에 비교 우위가 있는지 파악됩니다. A 나라가 비교 우위에 있는 품목에만 집중하기로 결정하면 나머지 품목은 B 나라와의 무역으로 확보할 수 있습니다.

이번에는 가영이와 세영이의 국어 성적과 수학 성적으로 예를 들어보겠습니다. 가영이가 국어 성적과 수학 성적 모두 높다면 가영이가 국어, 수학 과목 모두에 절대 우위가 있는 상황입니다. 세영이의 자존감이 높지 않다면 '나는 잘하는 게 없어'라고 생각할지도 몰라요. 그러나 세영이가 자존감이 높은 아이라면 절대 우위로 드러나는 결과에만 연연하지 않을 것입니다. 국어와 수학 중 자신에게 비교 우위가 있는 과목을 파악해 거기에 집중한다면 세영이에게 어떤 새로운 기회가 열릴지 모를 일입니다. 특정 과목 성적이 아니더라도 아이가 역량을 발휘할 수 있는 분야는 저마다 다릅니다. 부모는 아이가 자신의 비교 우위를 찾을 수 있는 기회를 다양하게 제공해 주어, 아이가 다른 사람과 자신을 비교하며 좌절하기보다는 잘할 수 있는 일에 집중해 역량을 기르도록 도와주는 조력자가 되어야 합니다.

"선생님, 저 시험 망했어요!"

"선생님! 저는 시험 잘 봤어요!"

시험이 끝나고 아이들이 도서관에 들어올 때, 결과와 상관없이 학생 입장에서 자신이 이곳에 있어도 괜찮다는 편안한 분위기를 조성해 주는 것이 특별실 담당 교사로서 제가 해줄 수 있는 부분이 아닐까 생각합니다. 학생이 성적으로 평가받는 순간을 피할 수는 없지만, 인성 교육의 현장인 학교에서 성적만이 모든 가치를 대변하진 않는다는 걸 직간접적으로 알려주는 것도 교사의 역할입니다. 고맙게도, 어떤 결과이건 시험이 끝나고 도서관을 찾아오는 아이들은 누구 하나를 꼽을 것 없이 마냥 해맑습니다. 잘 본 시험도 못 본 시험도 웃으면서 넘기고 다음을 기약할 수 있는 힘은 분명, 자신을 긍정하는 마음에서 나오겠지요. 자존감은 이렇게, 성적 언급을 피할 수 없는 학교에서도 즐겁게 생활할 수 있는 힘이 되어줍니다.

관심과 사랑으로 싹 틔우는 자존감

가정은 인성 교육의 최전선입니다. 부모님이 먼저 자녀에게 본보기를 보여야 하지요. 어른이 자기존중을 실천하는 모습을 보일 때, 그리고 어른이 아이를 진정으로 존중하고 사랑할 때 아이들은 자신을 있는 그대로 존중하는 방법을 내면화하게 됩니다. 사랑과 존중을 실천한다는 말이 언뜻 거창하게 들릴지도 모르지만, 사실은 작은 씨앗과도 같은 말과 행동입니다. 요새 학교생활은 어떤지, 점심엔 무얼 먹었는지 사소한 일상을 공유하고, 취미를 함께하거나 한 공간에서 시간을 보내며 삶을 나누는 것이지요.

아이들과 일대일 펜팔을 한 적이 있습니다. 간단하지만 일상 이야기를 나누며 소소한 일을 기억해 주니 아이들은 '선생님이 나한테 이렇게 관심이 있구나' 하는 마음에 크게 기뻐하고 감동받았습니다. 저 역시 아이들과 다이어리를 주고받으며 "선생님, 오늘도 좋은 하루 보내세요" 인사를 건네거나 "선생님, 이번 주말에는 뭐 하실 거예요?" 묻는 걸 읽을 때면 말 한마디로도 사랑과 긍정적인 상호작용이 가능하다는 사실을 깨달을 수 있었고요. 일상 속 관계 맺기를 통해 유대감이 깊어지고, 서로 존재의 필요성을 실감하는 일. 이를 토대로 아이의 자존감이 쑥쑥 커가는 모습을 보는 기쁨은 어마어마합니다. 많은 관심을 주는 것이 곧 사랑의 확실한 실천입니다. 가족 구성원으로서 집에서부터 내가 사랑과 존중을 받는 존재라고 느낀다면 아이의 자아존중감은 자연스레 자라납니다.

　모든 분야에서 불확실성이 점차 커지는 시대입니다. 미래 사회에는 자기를 믿고 사랑할 줄 아는 아이들이 필요합니다. 자아가 튼튼한 사람만이 스스로의 능력과 한계를 올바로 이해하고, 무엇을 할 수 있는지, 또 무엇을 해야 하는지 정확히 알며 기꺼이 도전할 테니까요. 건강한 자존감은 도전의 여정에서 마주할지 모를 좌절에 쉽게 무너지지 않고 불확실성이라는 안개를 헤쳐나가는 힘의 밑바탕입니다.

　"너는 소중한 사람이야."

　진부하게 느껴질 수도 있지만 아이들이 마음으로 받아들이기를 바라는 한마디입니다. 아이가 주변 환경에 휘둘려 자기 자신의 가치에 대한 믿음을 잃는 일이 없도록, 가정과 학교가 함께 아이의 자존감을 키우는 교육을 꾸준히 해나간다면 '나는 소중한 사람'이라는 생각을 마음에 품은 단단한 아이로 자라리라 믿습니다.

"너는
소중한
사람이야."

CHAPTER 2.
긍정적인 아이

    긍정의 기운은 힘이 셉니다. 건강에 좋고, 행복 지수를 높여주며, 업무 능률을 높이는 등 긍정이 주는 효능이 어디까지인지 밝혀지지 않은 부분이 아직도 많아, 심리학, 교육학을 비롯한 여러 분야에서 긍정의 힘을 연구합니다. 학교에서도 긍정은 큰 힘을 발휘합니다. 긍정적인 아이는 존재 자체로 학교 구성원 모두에게 좋은 기운을 선사합니다. 다른 아이들과 잘 융화되고 어려운 일이 생겨도 극복하고자 노력하는 모습을 보이니까요. 긍정적인 아이는 또한, 본인을 비롯한 주변 사람들의 마음을 밝혀주어 면학 분위기를 조성하는 데에도 일조합니다.

긍정적인 아이를 만나는 교사들 쪽에서도 의욕이 생겨 더 많은 조언과 가르침을 전해주고 싶어지지요.

긍정적인 아이는 도전을 두려워하지 않습니다. 어려운 상황이 생길 수 있다는 걸 받아들이고 부단히 노력해 성장을 이룹니다. 그 과정에 실패가 있을 수 있지만, 결코 실패를 결과로 보지 않습니다. 더 큰 발전을 위한 과정으로 볼 뿐입니다. 긍정성은 상황의 재해석을 통해 "변화시킬 수 없는 현실에 의미를 부여하고, 발견함으로써 삶을 만족스럽게 수용할 수 있도록 도와"줍니다.[5]

긍정적인 아이들의 학교생활을 잠시 들여다볼까요? 푸릇푸릇 나무들이 시원한 바람에 살랑이던 어느 봄날이었습니다. 방과 후, 교실은 이미 텅 비었는데 저 멀리 운동장에서 공 차는 소리와 아이들의 시끌벅적 말소리가 들립니다. 소리를 따라가 보니 땀범벅이 되어 한창 축구 중인 반 아이들이 보입니다.

"민수야! 성준아! 다들 뭐 해?"

이름을 부르자 아이들이 우르르 달려옵니다.

"저희 축구 연습해요! 우리 반이 정말 최약체이긴 한데요, 한 번이라도 이겨보려고요! 요즘 매일 연습하고 있어요!"

덜컥했습니다. 담임교사인 저는 반에 선수 출신 아이도, 축구를 특히 잘하는 아이도 없다고 생각해 아이들이 일찍이 포기할 거로 예상했거든요. 이런 저를 부끄럽게 만드는 긍정적인 우리 아이들이 너무 멋져 보였습니다. 다른 반에는 선수 출신 아이들도 많고, 축구를 잘하는 아이들이 많다는 소문을 익히 들었습니다. 그래서인지 다른 반 아이들이 우리 반 아이들의 축구 실력을 장난삼아 놀리기까지도 했는데, 우리 반 아이들은 절대 포기하지 않았습니다. '부족하더라도 최선을 다해보자, 노력해서 한 번이라도 이겨보자'라는 마음으로 날마다 모여 축구 연습을 했던 것입니다.

주변을 물들이는 긍정의 색

물론 우리 반 전원이 처음부터 긍정적인 마음으로 축구 연습에 적극적으로 임하지는 않았을 것입니다. 몇몇 아이들의 긍정적인 마음이 전파되었겠지요. 이것이 바로 긍정적인 아이의 힘입니다. 긍정적인 아이는 미래에 대한 확신을 바탕으로 주변에 희망의 에너지를 전파합니다. 경기 결과는 어땠냐고요? 영화에서는 노력한 주인공에게 항상 좋은 결과가 따라오곤 합니다. 하지만 우리 아이들은, 안타깝게도 첫 경기에서 졌습니다. 그래도 결과는 중요하지 않은 듯 보였습니다. 표정만 보아도 모여서 연습하는 시간이 재미있고 즐거웠다는 게 느껴졌지요. 그 시간이 신나는 학교생활의 추억으로 오래도록 남으리라는 걸 확신했습니다. 아이들은 승리보다 더 값진 경험을 얻었습니다. 다 함께 마음을 모아가는 과정에서 협력과 배려의 가치도 배웠습니다. 그뿐인가요? 신체 단련은 물론이고, 머리를 맞대고 작전을 짜면서 의사소통 기술 또한 익혔습니다. 아이들이 전혀 실망하지 않았다고 하면 거짓말일 것입니다. 그럼에도 후련해 보이는 얼굴, 서로 다독이며 나누는 말들, 솔직하게 아쉬움을 표현하는 모습을 보고 들으며 저는 뿌듯함을 느꼈습니다. 아이들의 긍정적인 마음이 저에게도 전해졌지요. 어른, 아이를 가리지 않고 전파되는 긍정의 힘은 이렇듯 대단합니다.

긍정과 반대의 경우도 힘이 세긴 마찬가지입니다. 하지만 긍정적인 친구를 만나면 얼마든지 달라질 수 있습니다. 현정이는 수업 도중에 종종 부정적인 말을 던져 학업 분위기를 어색하게 했습니다. 현정이의 질문에 정확한 답을 주어도 "그거 아닌데…" 혹은 "아니지 않나?"라는 반응을 습관적으로 보였지요. 친구가 어떤 말과 행동을 할 때마다 자신을 놀린 것 같다며 부정적으로 해석했고 급식을 조금이라도 늦게 먹게 되면 툴툴거리기 일쑤여서 늘 신경 써서 지켜보고 있었습니다. 하지만 긍정왕 민호가 현정이의 짝이었습니다. 민호는 줄서기가 끝나야 이동할 수 있는 상황에서 누군가 늦게 줄을 서서 다 같이 피해를 보게 됐을 때, 긍정적인 말로 늦은 친구와 나머지 아이들 간에 위화감이 생기지 않도록 분위기를 부드럽게 만들 줄 아는 아이였습니다. 민호를 비롯한 긍정적인 학생들이 흐트러지는 분위기를 읽고 수시로 밝은 기운을 나눠준 덕분에 짝이었던 현정이도 주변 공기의 변화를 느낄 줄 알게 되었고, 점차 부정적인 말과 행동이 줄어들기 시작했습니다. 긍정적인 언행에는 한순간에 전체 분위기를 바꾸는 힘이 있지요. 반 분위기가 바뀌자 아이들이 주뼛대거나 눈치 보는 일 없이 서로에게 더 살갑게 다가가고, 힘든 일이 생기더라도 누가 먼저랄 것 없이 나서서 박수 치며 응원하고 격려해 주는 한 해를 보낼 수 있었습니다. 학년 초 친구를 사귀는 데 애를 먹던 현정이도 좋아진 반 분위기에 서서히 스며든 덕분에 친구 관계가 많이 개선되어 일 년을 즐겁게 마무리했고요.

드러내 보일수록 좋은 긍정 에너지

저명한 신경학자이자 심리학자인 빅터 프랭클Viktor Frankl은 《죽음의 수용소에서》라는 작품에 아우슈비츠 수용소에서의 경험을 담아냈습니다. 이 책에서 저자는, 삶의 만족감은 매 순간 좋은 감정을 느끼며, 긍정적으로 사고하고, 삶에 의미부여를 함으로써 이루어진다고 말한 바 있습니다. 또한 미국심리학회의 〈빈번한 긍정적 편향의 이점: 행복은 성공으로 이어지는가?〉라는 논문에서는 성공한 사람들이 긍정적이기도 하지만, 반대로 긍정적인 마음을 갖는 것 역시 "결혼, 우정, 수입, 직업수행, 건강과 같은 다양한 영역에서 성공적인 삶을 살 수 있게 하는 결정요인"임을 밝혔지요.[6] 긍정이 좋은 성과를 내는 연료와 같다는 것입니다.

우리 아이들에게 이런 긍정의 힘을 키워주려면 어떻게 해야 할까요? 한국기술교육학회에서 특성화고등학교 학생들을 대상으로 한 연구 결과에 따르면, 친구와 주변인과의 만족스러운 인간관계가 긍정적인 마음가짐에 도움이 된다고 합니다.[7] 자신의 행동이 잘 수용되어 존중받고 있다는 생각이 들고, 현재 상황이 만족스러울수록 아이는 긍정적이 됩니다.

도서부원 하늬는 오랫동안 함께 지내온 학생입니다. 일을 믿고 맡길 수 있는 부원 중 하나이지요. 제가 하늬를 보며 늘 신기하게 생각하는 면모가 있습니다. 어떤 일을 시켜도 늘 "감사합니다!" 하면서 인사하는 점입니다. "선생님이 일을 시키는 건데, 선생님 쪽에서 고맙다고 해야 하지 않을까?" 물어보면 헤헤 웃음이 돌아옵니다. 감사하다는 말 한마디를 듣는 것만으로도 하늬와 함께하면 늘 기분이 좋아지고 금세 가까워지는 기분이 듭니다. 친절한 말은 좋은 인간관계 구축에 빼놓을 수 없는 부분이지요.

말로 하지 않으면 알 수 없는 것들이 많습니다. 아이들에게는 무언의 신호가 더욱 어렵지요. 칭찬할 일이 있으면 드러내 칭찬하고, 어떤 일에서 기대에 못 미치는 결과를 얻더라도 성의 있는 설득과 표현으로 한 번의 좌절이 자신의 가치를 결정짓지 않는다는 확신을 심어주어야 아이의 마음에 부정적인 생각이 파고들지 않습니다. 앞서 이야기한 것처럼 긍정적인 마음만큼이나 부정적인 마음도 전염성이 강하므로 가장 가까이에 있는 부모가 긍정적인 본보기가 돼주어야 합니다. 칭찬이나 고맙다는 인사에 인색하지 말고, 어른이라 해도 실수나 잘못이 있을 때 솔직하게 인정하면 아이와 만족스러운 관계를 형성하기 수월합니다. 그러면 아이는 자연스레 긍정적인 마음으로 화답해 올 것입니다.

마음을 꼭 말로만 드러내 보여줄 수 있는 건 아니지요. 말보다 글이 편하다면 감사 글쓰기를 해보세요. 아주 작고 사소한 것이라도, 하루에 고마운 일을 두세 가지 찾아서 적어보면 '오늘도 좋은 일이 있었구나' 느껴지며 긍정적인 마음을 기르기 쉽습니다. 이 활동은 특히 온 가족이 함께하면 좋습니다. 아이에게 예시도 줄 겸, 그리고 표현력을 기르는 연습도 할 수 있도록 시간, 장소, 대상이 드러나게 부모님의 감사한 일을 적어주고 아이도 자신의 감사한 일을 세 가지 정도 찾아서 적도록 하는 겁니다. 표현은 '때문에'라는 말 대신 '덕분에'라는 말을 사용합니다. 또한 '고마워'라는 말에 익숙해지도록 반복해서 고맙다는 말을 씁니다. 가족 구성원 모두 작은 쪽지에 고마운 일을 적어 통에 모아두고 기분이 좋지 않거나 힘든 날에 무작위로 꺼내 읽어보아도 위로가 되고 힘이 날 것입니다.

아이들이 성공적인 인생을 살아가길 바라는 마음은 교사와 부모가 다르지 않습니다. 우리 어른들은 긍정적인 마음을 품은 아이들이 더 많은 성공 경험을 할 수 있다는 걸 압니다. 자신에 대한 믿음, 긍정적인 확신을 바탕으로 무엇이든 도전하는 자만이 몇 번의 실패와 또 그만큼의, 혹은 그 이상의 성공을 경험할 수 있으니까요! 설령 실패하더라도 경험을 쌓아가는 아이들은 한두 번의 결과와 상관없이 성장하고 발전합니다. 이 성장 과정만으로도 아이들의 인생은 성공의 발판을 다지는 것과 마찬가지입니다. 긍정적인 아이가 자신의 발전을 이끌고 주변 사람들에게도 행복 에너지를 전파합니다. 요즘 아이들 인플루언서가 인기 장래 희망이지요? 주변에 좋은 영향을 전파하는 긍정과 행복의 인플루언서로 우리 아이를 키워보면 어떨까요?

긍정은
좋은 성과를 내는
연료입니다.

CHAPTER 3.
책임감 있는 아이

특정 역할에는 그에 맞는 책임이 따릅니다. 각자의 지위에 맞게 '교사로서' 아이들을 올바르게 지도하고, '부모로서' 아이들의 안녕을 보장하지요. 아이들에게도 각자의 역할에 맞는 책임이 있습니다. "맡은 일을 완수하고자 하는 의욕과 자발성이 강한 정도"[8]를 책임감이라 합니다. 학교생활기록부에는 학생이 맡은 역할을 '어떻게' 수행했느냐를 구체적으로 기재합니다. 맡은 역할이 '무엇'인지보다 어떻게, 얼마나 역할에 충실했는지가 학생의 특성을 구체적으로 파악하는 데 참고하기 좋은 자료가 됩니다. 역할에 충실히 임한 경험이 있는 학생은 앞으로 어떤 일을 하더라도 주변 사람들에게 책임감 있는 사람, 함께 일하고 싶은 사람으로 인정받을 수 있습니다.

재채기와 사랑처럼, 반드시 드러나는 책임감 있는 태도

책임감 있는 아이들은 교사에게도 마치 빛과 소금 같은 존재입니다. 교육활동을 포함한 모든 활동의 진행에 아이들의 호응과 주인 의식이 필요하기 때문입니다. 부탁한 활동을 충실히 수행하고, 교사가 부과한 임무를 끝까지 완주하는 아이들을 만나야 비로소 준비한 활동의 교육적 성과를 확인할 수 있습니다. 어떤 학년, 어떤 구성원과 함께하더라도 자신이 해야 할 일, 교실에서 맡은 역할에 충실한 아이들이 있습니다. 교사와 주변 학생들에게 좋은 영향력을 행사하는 참 고마운 친구들이지요. 그런데 이런 아이들은 대개 한눈에 쉽게 들어오지는 않습니다. 묵묵하게 자신의 일을 한다는 건 다시 말해 누가 보든 보지 않든 내 길을 간다는 뜻이기에 교사나 반 친구들의 시선에서 조금은 떨어져 있을 수 있습니다. 그러나 당장은 눈에 잘 띄지 않더라도, 책임감이 강한 아이들은 결국 존재감이 드러나게 마련입니다. 사소해 보이지만 누가 보든, 보지 않든 관계없이 맡은 일을 꾸준히 수행하기란 쉽지 않은 일이니까요. 이런 아이들을 발견하면 교사가 기쁜 만큼 부모도 기뻐할 것을 알기에 상담 때도 꼭 언급을 하며 감사함을 전합니다. 아이가 집에서 칭찬을 듬뿍 받기를 기대하면서 말이지요.

책임감 있는 행동은 아무리 칭찬해도 넘치지 않습니다. 주변 상황에 흔들리지 않고 어떤 일을 끝맺는다는 게 어른에게도 쉽지 않은 일임을 생각하면 더욱 그렇지요. 우리 반에서는 학년 초에 모든 아이들에게 크고 작은 역할을 하나씩 부여하는데, 자기 역할을 끝까지 책임감 있게 해내는 아이는 많지 않습니다. 대개는 원치 않았던 역할이 주어졌다는 것이 표면적인 이유입니다. 물론, 역할을 정할 때 최대한 희망하는 역할을 선택할 수 있도록 하지만 어쩔 수 없이 원하지 않는 역할을 맡게 되는 경우도 생깁니다. 이후 아이들의 행동을 관찰해 보면, 원하는 역할을 맡지 못했더라도 끝까지 역할에 충실한 소수의 학생이 있고, 원하는 역할을 맡았더라도 시간이 지날수록 소홀해지는 아이들도 나타납니다. 마음에 들지 않는 역할을 맡게 된 아이들이 금방 책임을 망각하는 모습도 쉽게 찾아볼 수 있습니다. 이 비율을 따져보면 책임감 있게 행동한다는 게 얼마나 훌륭한 자질인지 알게 됩니다. 그리고 어째서 이런 아이들이 결국엔 존재감을 드러낼 수밖에 없는지도 자연히 깨닫게 되지요.

책임감 있는 아이 하면 수진이가 떠오릅니다. 우리 반 학생은 아니었지만, 수진이를 복도에서 마주칠 때면 항상 특수교육대상자인 유진이 옆에서 느릿느릿 걷고 있습니다. 활기 넘치는 중학교 2학년의 복도는 빠른 걸음으로 이동하는 아이들, 옹기종기 모여 수다를 떠는 아이들, 노래 부르는 아이들로 시끌벅적하고 복잡합니다. 이 사이로 수진이가 쉬는 시간의 거의 전부를 할애해 유진이의 보폭에 맞춰 천천히 한 발 한 발 걸어가는 모습을 보면 또래도우미의 역할을 충실히 하는 모습이 그렇게 예쁠 수 없습니다. 유진이는 지적 장애가 있는 아이였는데, 주위가 매우 시끄럽거나 산만하면 큰 스트레스를 느끼고, 정서적 불안을 느끼면 기본적인 의사소통이 어려워지기도 하는 아이였습니다. 그래서 유진이를 대할 때는 항상 천천히 눈을 마주치며 대화했던 기억이 있습니다. 저는 유진이와 가끔 대화하기 때문에 해맑게 웃는 유진이가 버겁다 느껴졌던 적은 없지만 수진이가 1년 내내 이런 방식으로 유진이와 소통하기가 쉽지만은 않았을 것입니다. 그럼에도 수진이는 도우미 역할에 자원해 1년 동안 책임 의식을 가지고 이행했지요. 우리 반 학생이 아니었음에도 책임감을 이야기할 때 수진이가 가장 먼저 떠오를 만큼 큰 존재감을 보여주었습니다.

교육으로 기를 수 있는 자질, 책임감

가정과 더불어 학교는 사회에서 필요한 책임 의식을 기르고 연습하는 첫 장소입니다. 책임감은 사람이 성숙하면서 자연스럽게 생겨나는 자질이라기보다는 교육을 통해 얻는 능력이라고 합니다.[9] 학교에 입학하고 나면 아이는 단체생활을 하며 자신의 행동이 직간접적으로 다른 사람에게 영향을 미치는 것을 확인하고, 부여된 과제를 수행할 의무도 받습니다. 이에 동반하는 것이 자신의 행동과 결과에 책임을 지는 태도입니다.

자신의 힘으로 해결할 수 있는 적당한 난이도의 과제를 부여하는 것으로 책임감 교육을 시작할 수 있습니다. 해볼 만한 과제를 마주한 아이들은 의욕과 도전 의식을 불태웁니다. 훌륭하게 일을 해내면 책임 진 만큼 권한도 허락해 줍니다. 우리 학교 도서부원의 경우, 짧은 시간이지만 교사가 자리를 비우는 동안 대출반납 카운터를 맡기기도 합니다. 선생님의 의자에 앉아 대출반납 업무를 맡는 아이들의 어깨에는 힘이 들어가고, 신난 모습이 역력합니다. 특별한 권한이 생겼다는 느낌은 자기효능감을 주고, 이에 따라 '내가 이 도서관이 굴러가게 돕고 있다'는 책임 의식도 한층 강해집니다. 자신이 소속된 곳에서 자신만 할 수 있는 역할이 있고, 그것이 중요하다는 의식이 생길 때 책임감이 자라납니다. 더불어 학교생활도 즐거워지지요. 아이가 가치 있는 일을 하고 있다고 알려주고, 일을 제대로 수행했을 때와 아닐 때의 차이를 명확하게 안내해 주세요. 그러면 책임을 가져야 할 이유를 이해할 수 있을 것입니다. 학교에서부터 책임감 있는 아이라면 사회에 나가 어떤 일을 하더라도 주변의 믿음을 얻으며 결과를 낼 수 있을 거고요.

도서관 담당 교사로서 독서 교육의 중요성도 피력하고 싶습니다. 2015년 수원 청소년센터에서 청소년을 대상으로 한 책임감 증진 독서 프로그램이 진행되었습니다.《책임이 뭐예요?》,《나는 나의 주인》 등 책임감을 다룬 다양한 도서 자료를 함께 읽고, '책임감 실천 서약서'를 작성해 실천 의지를 다지는 구성으로 긍정적인 효과를 이끌어냈습니다.[10] 책임감을 주제로 한 도서가 꾸준히 나오고 있으니 가정에서도 자녀의 연령대에 맞는 도서를 골라 함께 읽어보세요.

취학 전 아동이라도 어릴 때부터 아이의 능력 수준에 맞는 과제를 부여하고 끝까지 기다려주며 책임을 이행하는 습관을 들이면 좋습니다. 처음부터 너무 큰 역할을 주면 부담감과 압박감으로 시도할 엄두를 못 내기도 하니, 다음과 같이 아주 사소한 역할부터 시작합니다.

- 식사 시간에 수저 놓기
- 주말에 반려동물 사료 챙기기
- 아침마다 창문 열어 환기하기
- 온 가족 귀가 후 현관 신발 정리하기

이렇게 횟수나 시간대가 정해진 간단한 역할을 주면 습관을 들이는 장점 외에도, 시간관념과 일정을 관리하는 능력이 생기는 효과가 있습니다. 연령대가 높아지고 쉬운 역할에 익숙해지면 조금씩 수준을 높여 특정 요일에 반려동물 산책시키기, 가족 구성원의 의견 모아 저녁 메뉴 선정하기, 간단한 설거지, 분리수거하기 등의 역할을 줍니다. 역할 자체가 중요하지는 않습니다. 어른의 잔소리 없이도 스스로 역할을 맡고 있다는 책임감을 가지고 이행하는 습관을 들이는 것을 교육 목표로 삼아야 합니다. 능력 수준에 맞는 과제를 주어야 하는 이유 또 한 가지는 스스로 결과를 평가할 수 있는 경험이 책임감 발달에 중요하기 때문입니다. 여러 연구 결과로 책임감 발달에서 자기 피드백의 경험이 중요하다는 것이 밝혀졌습니다. 미국의 학교[11], 서울교육대학교 논문[12] 등에서는 주로 활동 후 자기평가서를 작성하게 하여 이를 실현하는 모습을 발견할 수 있었습니다.

공동체를 생각하는 인성 교육

아이들이라고 한 가지 역할만 맡는 것이 아닙니다. 가정에서는 자녀, 형제자매로 역할을 하고, 학교에서는 학생임과 동시에 누군가의 친구, 자신이 속한 학급이나 특별활동부의 구성원이 됩니다. 이러한 여러 역할들에 우선순위를 정하는 연습도 필요합니다. 우선순위를 정할 때의 기준이 '나에게 이익을 가져다주는 것인가'라면 공동체는 후순위로 밀리거나, 더한 경우 우선순위를 정하는 대상으로 인식되지 않을 수 있습니다. 책임감은 단체생활에 있어 매우 중요한 덕목이며 이기심과도 직결된 부분으로, 외동 자녀가 늘어가는 요즘 더욱 신경 써서 지도해야 할 태도입니다. 누가 보는 앞에서만 역할에 임하는 시늉을 하거나, 사소한 일은 티도 나지 않는다고 생각해 역할을 수행하지 않는다면 전체에 부정적인 영향을 미치겠지요? 학기 초 아이와 학교생활 이야기를 나눌 때 아이가 맡게 된 역할은 무엇인지, 가끔씩 그 역할을 잘해내고 있는지, 무엇이 재미있고 어떤 부분이 어려운지 물으며 아이가 공동체를 고려한 판단을 하고 있는지 관심을 보여주면서 자신뿐만 아니라 공동체로 시야를 넓힐 수 있게 도와주세요. 물론 아이에게 주어진 여러 가지 역할은 개인의 상황에 맞게 언제든지 조정할 수 있습니다. 역할이나 우선순위에 다소간 변동이 있더라도 변하지 말아야 할 것은, 아이들이 자신이 속한 공동체를 향한 사랑과 배려를 바탕으로 책임감을 발휘하며 기쁨을 느낄 수 있어야 한다는 점입니다. 사람은 "각 개인이 속해 관계 맺고 있는 사회 공동체에서의 조화를 이루기 위해 자기의 몫을 다하면서 공동의 선으로 통합되도록 노력"[13]해야 하며, 이런 마음가짐은 남녀노소를 떠나 모든 민주 시민에게 권장되는 자질이기도 합니다.

도서관 책 정리 업무는 책임감이 많이 필요한 작업입니다. 책등의 조그만 번호를 일일이 확인하고 순서에 맞춰 꽂아 넣는 일은, 얼핏 단순해 보이지만 집중력과 끈기가 필요하지요. 게다가 치워도, 치워도 매일 새로이 정돈해야 하는 책들이 생겨나므로 지속적으로 손을 보아야 하는 일이기도 합니다. 어느 날 도서부원 시연이가 심각한 얼굴로 저를 찾아왔습니다.

"선생님, 오늘 방과 후에 남아서 책 정리를 마저 하고 가도 될까요? 안쪽 서가의 책들 정리를 오늘까지 다 해결을 보고 싶어서요. 윤아랑 해영이도 남아서 같이 하겠대요."

아이들끼리 점심시간에 정리를 하다 남은 책 한 무더기가 신경 쓰여, 남아서 정리를 마무리하고 싶다는 것이었습니다. 자발적인 활동을 마다할 이유가 없어, 그날 오후 아이들을 위해 도서관을 연장 개방하고 간식을 제공했습니다. 시연이, 윤아, 해영이는 몇 시간에 걸쳐 기어이 서가 하나를 통째로 재정리한 후, 뿌듯한 마음으로 귀가했습니다.

원하든 원치 않든 우리는 다양한 책임을 지며 살아갑니다. 자신의 생각과 조금 다른 일을 해야 하는 상황이 오더라도, 혹은 자신이 맡은 책임을 다하는 도중에 실수를 하게 되더라도 좌절하지 않고 끝까지 해낼 수 있는 단단한 아이로 키우기 위해 양육자와 교육자인 어른들도 책임을 소홀히 하지 말자는 다짐을 해봅니다.

CASE STUDY

1인 1역 학급활동 사례

_최명주

진정한 책임감이 무엇인지 생각하게 해준 중등 1인 1역 프로젝트

학교 현장에서 널리 사용하는 학급 내 1인 1역 프로젝트를 소개합니다. 하나하나 소중한 존재인 우리 아이들이 각자 역할에 책임 의식을 가지고 학급 운영의 주체가 될 수 있도록 고안된 활동입니다. 템플릿에 적혀 있는 역할 대신 상황에 맞게 여러 역할을 만들 수 있습니다. 아이들은 자신이 잘하고 좋아하는 일, 혹은 최소한이라도 덜 꺼리는 일을 맡아 수행하며 책임감을 느끼고 학급 공동체를 함께 돌본다는 마음가짐을 기를 수 있습니다.

저는 새 학기가 시작되면 아이들에게 1인 1역 프로젝트의 취지를 설명하고 각 역할이 하는 일을 상세히 안

♥ 2023년도 2학기 1인 1역 ♥

역할	하는 일
회장 임예은	학급 대표로서 선강하고 행복한 학급이 될 수 있도록 학급 이끌기
부회장 신효정	회장과 함께 담임선생님을 보조하여 원활한 학급 운영 이끌기
서기 허라임	학급 자치 회의에서 각종 안건을 수행하고 쉽기하여 학교 학생자치부에 보고
학급 비품관리 현진별	학급에 필요한 각종 물품인 부직포, 손 세정제, 물티슈, 분리 배출용 비닐 봉투 등의 구비상태 확인 및 상시로 재비 놓기
질판 관리 엄지훈, 임요한 문단속 김범수	매시간 질판 닦기, 분필 및 질판지우개 상태 관리하여 깨끗한 질판 상태 유지 이동수업 시 교실 문 열고 닫기 (남들보다 더 늦게 나가고 더 일찍 돌아웅)
분리배출 도우미 허라원, 임요한	매주 목요일마다 반에 있는 생활용 쓰레기 올바르게 분리배출
플래너 도우미 신효정	매달 플래너 걷고 배부하여 제대로 쓴 날째 체크 해 플래너 담당 선생님에게 제출
전기 지킴이 박한성	이동수업 시 에어컨, 히터, 불 등 스위치 끄기
정보 도우미 김태환	교과 선생님들 오실 때마다 노트북 연결 및 인터넷 연결 확인
시험 알림이 조아란	각종 수행평가, 지필평가 범위 및 일정 단톡방에 안내
가정통신문 담당 홍지원	가정통신문 배부 및 번호별로 수거
급식 도우미 이주회, 조아란 현진별, 홍지원	일주일 동안 급식 반친 배부 (점심시간 5분 전에 미리 급식실에 내려가 읽기가)
도서 도우미 안현진, 장수연	도서관 개방 시간(조회 전, 점심시간)에 도서 정리 및 연체 도서, 신간 도서 안내
출석부 관리 허라임	교과 선생님 사인이 잘 되어있는지 확인하고 이동수업 시 출석부 챙기기

그림1.
학급에서 실제 사용한 1인 1역 템플릿

내합니다. 역할을 정할 때는 경쟁이 치열할 것에 대비해 여러 대안 또한 생각해 두도록 하지요. 학급 자치 시간에 아이들은 원하는 역할을 쟁취(?)하고 한 학기 동안 성실히 해내겠다고 약속합니다. 그다지 원하지 않았던 역할을 맡게 되더라도 학급이라는 공동체를 위해서 최선을 다하기로 다짐합니다. 맡은 일이 무엇이든, 주어진 일이라면 중히 여기는 자세가 책임감이니까요.

늘 그렇듯 이상과 현실에는 괴리가 있습니다. '여기까지는 내 일이지만 저기부터는 네 일이야'라는 생각으로 갈등이 생긴 적도 있었지요. 예컨대, 교실 TV 전원을 끄는 일에 정보 도우미와 전기 지킴이가 서로 자기의 일이 아니라며 책임을 미루는 경우가 있기도 했습니다. 하지만 이 갈등은 아이들에게 '책임감'이란 주어진 일을 수동적으로 수행하는 것이 아니라 각 역할의 궁극적인 목표를 생각하고 움직이는 자세임을 깨닫게 하는 소중한 경험이었습니다. 누가 어느 부분까지 일을 하거나 하지 않는다고 선을 긋기보다, 큰 틀에서 공동체를 위해 어떻게 역할을 분명히 할지에 초점을 둘 수 있게 된 거죠. 1인 1역 프로젝트는 이렇게, 사회에서 겪게 될 갈등을 학교에서 먼저 경험하며 다른 사람들의 입장과 공동체로 사고를 확장해 나가는 계기를 제공합니다.

학교라는 공간은 어른이 되어가는 과정에 있는 아이들이 공동체 안에서 자기 자신을 객관적으로 마주하고 타인과 부딪히기도 하며 스스로의 성장에도 책임을 지는 소중한 곳이라는 생각이 새삼 듭니다. 가정에서도 1인 1역 프로젝트를 도입해 가족 구성원들의 특성에 맞는 역할을 민주적으로 정하고 실천하며 진정한 책임감이란 무엇인지 생각해 보는 기회를 마련할 수 있을 것입니다.

CHAPTER 4.
성실함과 끈기가 있는 아이

성실한 사람 중에 성공하지 못하는 사람은 있을 수 있어도, 성공한 사람 중에 성실하지 않은 사람은 없다는 말이 있습니다. 주변을 돌아보면 늘 맡은 일을 꾸준히 해내는 사람들이 곁에 있지요. 목표가 있으면 단계별로 차근차근 진행해 결국 달성합니다. 이처럼 성실함과 끈기는 불가분의 관계에 있습니다. 이 두 가지를 갖춘 사람은 모든 영역에서 우수한 성취를 보입니다. 그래서 성실과 끈기는 학생 개인의 성장과 행복한 학교생활에 매우 큰 영향을 미칩니다. 많은 연구에서 성실성이 가장 안정적으로 학업 성취에 영향을 미치는 성격 특성임을 밝혔습니다. 온라인 수업 환경에서 짧게라도 꾸준히 학습을 진행한 학생들의 성적이 특정 시간 동안에만 집중했던 학생들보다 유의미하게 높았다는 연구 결과 또한 보고된 바 있습니다.[14]

물방울이 바위를 뚫는다

해인이와는 4학년 때 만났습니다. 수학을 참 어려워했지요. 남들이 수학익힘책도 다 풀고 추가 활동지를 풀고 있는 시간에도 해인이는 수학책 어딘가에서 헤매고 있었습니다. 담임으로서 방과 후에 해인이와 수학 보충수업을 진행하곤 했습니다. 그러다 보니 해인이는 다른 친구들과 노는 시간도 줄었고 집에 가는 시간도 조금씩 늦어졌습니다. 하루는 해인이에게 물었습니다.

"해인아, 친구들하고 집에 같이 가고 싶진 않아?"

"물론 그렇죠. 그치만 괜찮아요."

"오늘은 가도 괜찮아. 숙제로 해올 수도 있고."

"아니에요. 여기서 하고 갈래요."

생각해 보니 제가 해인이를 남긴 적은 많지 않습니다. 해인이가 먼저 수학 시간이 끝나면 손을 들고는, "아직 다 못했는데 끝나고 남아서 하고 가도 되나요?"라고 물었습니다. 그럼에도, 4학년이 끝날 때까지 해인이의 수학 성적이 크게 향상되지는 않았습니다. 적당히 수업을 따라오는 정도로 학년을 마무리했지요.

그런데 중학생이 된 해인이를 다시 만났을 때, 옆에 있던 해인이 친구가 해인이의 수학 성적을 자랑스럽게 공개하며 해인이가 수학을 엄청 잘하게 되었다고 말해주었습니다. 해인이는 지금도 조금 어렵다고는 했지만 저는 걱정되지 않았습니다. 방과 후에도 교실에 남아 끈질기게 수학 문제를 풀던 해인이를 기억하고 있었으니까요.

꾸준한 실천은 대단히 훌륭한 삶의 태도인 만큼, 절대 체화하기 쉽지 않습니다. 해야 할 일이 어렵게 느껴져서, 가끔은 기분이 좋지 않아서, 혹은 아무것도 안 하고 빈둥대는 게 편해서 등 우리는 너무도 많은 게으름의 이유를 찾아냅니다. 하지만 끈기는 성취를 이루는 데 매우 중요한 자질입니다. 끈기 있는 학생들은 성적 올리기가 쉽지 않은 고등학생 때도 성적이 꾸준히 오르는 경험을 합니다. 중학교에 가서야 수학 성적이 오르기 시작한 해인이의 사례에서 보듯 수학은 실제로 성적 오르는 속도가 더딘 과목이고, 그런 만큼 많은 학생이 수학을 어려워하고 결국 포기하기도 합니다. '수포자'라는 단어는 이제 교사와 학부모들에게 너무도 익숙한 단어가 되어버렸지요. 상담하다 보면 수학 공부를 정말 열심히 했는데 점수는 그대로라고 토로하는 학생도 종종 있습니다. 그러나 학교 현장에서 확인한 한 가지는, 수학 과목을 공부하며 문제를 풀 때 시간이 오래 걸리더라도 끝까지 포기하지 않고 매달리는 학생들이 결국엔 유의미한 성적 향상을 이룬다는 점입니다. 한 문제를 풀더라도 끝까지 포기하지 않는 자세는 내가 해냈다는 성취감을 줍니다. 부단한 노력 끝에 목표를 이루었을 때의 짜릿한 느낌은 마음속에 오래도록 남아, 작은 성취의 기쁨이 다음, 또 그다음을 기대하게 하고 바위를 뚫는 물방울을 모으는 원동력이 되지요.

내면에서 샘솟는 성실함과 끈기

《그릿》은 타고난 재능보다 몇 년에 걸친 노력과 끈기가 성공에 결정적인 역할을 함을 역설하는 책으로, 책의 제목이기도 한 용어 '그릿grit'은 '장기적인 목표 달성을 위해 인내하며 꾸준히 나아가는 힘과 열정'을 뜻합니다. 성실함과 끈기 기르기에는 많은 시간과 노력이 듭니다. 특히 혼자서 무언가를 포기하지 않고 끝까지 해냈을 때의 성취감을 어릴 때부터 맛볼 수 있도록 양육자와 교육자가 개입하는 정도가 매우 중요합니다. 성실의 원천은 자신에 대한 신뢰감입니다. 내가 이만큼을 해서 이만큼 성장했다는 경험, 그래서 나를 믿고 나아가는 경험의 반복이 성실로 이어집니다. 성실하다는 말은 '정성스럽고 참되다'라는 뜻입니다. 단순히 근면성만이 아니라 마음을 다해 행동한다는 의미까지 포함하지요. 아이의 내면에서 비롯되는 마음이 꾸준한 행동으로 이어져야 합니다.

아이에게 '아! 내가 꾸준히 하면 할 수 있구나'라는 경험을 할 기회를 주세요. 운동을 잘하고 싶다면 아주 작은 단위로 운동 목표를 주고 꾸준히 달성하는지 지켜봅니다. 왜 그 목표를 이루어야 하는지 자기만의 이유를 찾도록 자율성을 주면 더욱 효과적입니다. 이 단계에서는 실제로 성장했는지가 중요하지 않습니다. 그저 실천 여부만을 확인해 달력에 동그라미 치는 방식 등으로 눈에 보이게 해두면 됩니다. 달력에 하나둘씩 늘어가는 동그라미 표시가 보이면 별다른 말없이도 아이에게 '내가 무언가를 꾸준히 해내고 있다'는 인상을 주기에 충분합니다. 《그릿》의 작가 앤절라 더크워스Angela Duckworth는 한 논문에서 "어떤 능력이나 수행의 향상을 위해 무엇을 언제 얼마나 연습할 것인가를 계획하고 그 계획을 따르기 위해 노력을 집중적으로 기울이는 과정"[15]을 통해 끈기를 키울 수 있다고 주장했습니다. 계획과 과정을 보는 데 달력이 빠질 수는 없지요. 또한 계획은 '습관화'와도 연관됩니다. 어떤 일을 계속하다 보면 관성이 생겨 안 하면 오히려 허전한 마음이 들게 됩니다.

심리학에는 '인지평가이론'이라는 것이 있습니다. 에드워드 데시Edward Deci와 리처드 라이언Richard Ryan이 수립한 이 이론은 내면에서 이미 어떤 일의 동기유발이 일어났을 때 외부에서 그 행위에 대한 추가적인 보상을 할 경우, 오히려 행동에 대한 의지가 떨어진다고 이야기합니다.[16] 인지평가이론에서는 "적합한 사회환경적 조건에 놓여 있을 때 내재적인 동기가 유발되고, 유능성, 자율성, 관계성의 기본적인 욕구가 충족이 될 때 내재적인 동기가 증가된다"[17]고 말합니다. 자신이 충분히 어떤 일을 수행할 수 있다는 자신감과 혼자서 해낼 수 있다는 자율적인 분위기, 그리고 타인과의 좋은 관계가 우리 아이들의 끈기를 길러내는 데 효과적이라는 이야기입니다. 따라서 양육자와 교육자는 아이들이 보상을 바라며 어떤 일을 수행하게끔 하는 접근보다, 실제 이루어 낸 성과에 초점을 맞추어 격려와 칭찬을 해줌으로써 아이의 내재적 동기를 강화할 수 있습니다.

집에서는 목표 달성에 유리하도록 아이가 자신의 주변 환경을 유리하게 바꾸거나, 스스로 적합한 환경을 선택하라고 격려해 주는 방식으로 도움을 주면 좋습니다. 예를 들어, 다이어트를 시작하기로 마음먹었다면 간식을 눈에 보이지 않는 곳에 두거나, 최대한 음식으로부터 멀리 떨어져 있어야겠지요. 책을 꾸준히 읽기로 결심했다면 휴대전화나 TV 등을 멀리하게 해주거나 전자기기를 일정 시간 동안 잠가놓는 방법을 일러줄 수 있습니다. 또는 크고 작은 방해 요인이 많은 집이 아닌 근처 도서관으로 이동해 조용히 독서할 것을 권해보아도 좋고요.

물론 내재적인 동기가 선행하는 것이 좋지만, 가정의 '문화적 자본'과 '새롭고 다양한 경험 권장' 역시 끈기를 기르는 데 효과적이라고 합니다. 중학생을 대상으로 한 충남대학교의 연구는 가정에 보유한 도서 수가 많을수록 그릿이 높아진다는 주장을 지지하며, 이는 자기조절 능력과도 관련된다고 합니다. 해당 연구는 또한 "학교에서 반 분위기가 좋아 친구들이 서로 격려와 지지를 아끼지 않는 환경일수록 상위 수준의 그릿 유형에 속할 확률이 높은 것으로 나타났다"[18]는 결론도 내고 있는데, 자신과 비슷한 입장에 있는 아이들의 성공과 실패 경험을 접하며 자신의 어려움을 해결하고 목표를 달성할 수 있는 힘을 얻기 때문이라고 합니다.

'도파민'*이라는 단어가 유행처럼 번지고 있습니다. 짧고 자극적인 동영상에서 도파민을 얻는 데 익숙한 요즘 아이들에게서 성실함과 끈기를 찾아보기란 참으로 어렵습니다. 약간의 심리적, 신체적 어려움만 있어도 금세 의욕을 잃고 쉽게 포기하는 모습이 보여 안타깝습니다. 우리 아이들이 좋은 행동을 오래 지속할 수 있도록 가정과 학교에서 부모와 교사가 든든한 버팀목이 되어 아이들에게 내재된 열정에 힘을 실어준다면, 12년 동안의 긴 학교생활을 꾸준히 성공적으로 해낼 수 있을 것입니다.

---

* 신경전달물질의 일종으로 쾌락과 흥분에 관여합니다.

CHAPTER 5.

자기 경영을 실천하는 아이

우리는 교육을 통해 궁극적으로 '스스로 해내는 아이'를 길러내고자 합니다. 아이들은 성장 과정에서 저마다의 방식대로 자신의 삶을 주도적으로 이끌어나가며 점차 주체적인 어른이 되지만, 어릴 때부터 이런 자세를 연습해 체화하면 어디에서도, 어느 상황에서도 독립적으로 잘 살아갈 수 있습니다. 수업 시간에 주어진 과제를 다 하고 다음엔 무얼 해야 할지 스스로 판단하고 생각하는 아이, 모둠활동에서 교사의 특별한 지시가 없어도 역할을 나누고 목표를 확인해 수행하는 아이. 모두 자기 주도적인 아이들입니다. 자기 주도적이라는 말에는 '주인주(主)'자가 들어갑니다. 자신이 주인이 되어 자기 경영을 실천하는 아이들은 학교생활의 즐거움도 스스로 찾을 수 있지요.

지훈이는 제가 늘 믿는 학생이었습니다. 해야 할 일을 다 한 후에 또 무엇을 하면 좋을지 항상 고민했고, 주어진 일을 조금 더 잘하기 위한 방법을 찾는 '주인 의식'이 있는 학생이었습니다. 어떤 날은 굳이 언급하지도 않았는데 창문틀을 청소해 저를 놀라게 했고, 어떤 날은 모둠장으로서 생각해 보았다며 모둠활동의 보완점을 채워 발표하기도 했습니다.

비강제적인 활동에 자발적으로 참여하는 아이들에게서도 자기 주도성을 찾아볼 수 있습니다. 우리 학교에서는 강제성이 없는 아침독서 활동을 하고 있습니다. 30분 독서 후 10분 동안 독서상황을 기록한다는 최소한의 규칙만 정해두었는데, 다른 규칙이 필요 없을 만큼 순탄하게 운영되어 즐거운 놀라움을 느낍니다. 더욱이 활동을 개시하기 전 읽을 책을 골라주어야 할 것 같아 추천도서 목록을 만들었는데, 아침독서에 참여한 학생들은 단 한 명의 예외도 없이 전부 자신이 원하는 책을 골라 읽었습니다. 출석체크, 읽을 책을 고르는 것, 한자리에 모아둔 기록장을 찾아가는 것 모두 스스로 합니다.

규율과 자율이 적절히 조화되도록

어떻게 하면 이런 자기 주도적인 아이로 기를 수 있을까요? 초등학교 중간 학년까지의 아이들은 부모나 교사에게 많은 것을 물어봅니다. 중요한 일에 어른의 허락을 받아야 한다고 가르치기 때문도 있지만, 어떤 일을 이렇게 해도 되는지, 저렇게 해도 되는지 판단하기 어려워서 그렇기도 합니다. 아이들의 판단이 정답이 아닌 경우가 있을 수는 있지만 아이들도 나름대로 답을 가지고 있습니다. "잘 모르겠어요"라는 말은 "생각하기 귀찮아요"라는 말과 같습니다. 그러니 작은 일들은 스스로 결정하도록 선택권을 주고 의견을 자유로이 말하도록 격려해 주세요. 조금 황당무계하거나 현실성이 없으면 또 어떤가요? 아이가 제시한 해결책을 듣고 여러 각도로 분석하며 대화를 나누는 일도 의외로 재미있습니다. 아이의 창의력과 사고력을 기르는 시간이 되기도 하고요. 단, 윤리적으로 잘못된 해결책은 확실히 잘잘못을 가르치고 규칙을 알려주어야 합니다. 특히 아직 판단력이 부족한 초등 아이들에게는 넘지 말아야 할 선과 지켜야 할 규칙을 쉬운 말로 명확하게 설명해야 합니다. 그리고 난 다음 "다른 방법으로 네가 잘 해결할 거라 믿어"라고 말해, 스스로 더 생각하게 해줍니다.

최소한의 규칙은 어떻게 정하면 좋을까요? 규칙은 관찰할 수 있어야 하고, 결과에 따라 행동으로 책임질 수 있어야 하며, 상황에 맞게 구체적이어야 합니다. 규칙을 인지시킬 때는 초등 아이들의 주의력을 고려해 간단하고 명확한 언어를 사용하면 좋습니다. 이런 내용을 종합적으로 고려한 좋은 규칙은 "노는 동안 다른 친구들하고 장난감을 같이 나눠 쓰세요"라거나 "놀이가 끝나면 장난감을 정리하세요" 같은 규칙입니다. 반대로 "착하게 행동하세요"나 "매일 학교에서 뭐했는지 엄마한테 말하세요" 같은 규칙은 모호하거나 행동을 강제하기 어렵고 주관적이지요. 이런 부분에 주의해서 규칙을 제시하고 지키도록 안내합니다. 규칙을 지키지 않았을 때에는 일관된 방식으로 바람직한 행동을 강조해 주어야 하고요.

지켜야 할 규칙은 규율하되, 그 밖의 일에서 해야 하니까 어쩔 수 없이 하는 것과 하고 싶어서 자발적으로 하는 태도는 큰 차이가 있습니다. 그러므로 아이가 직접 판단하는 의사결정 과정이 매우 중요합니다. 이는 학습에서도 예외가 아닙니다. 아이의 의사를 존중하지 않고 "공부 열심히 해야 성공할 수 있어"라는 한 가지 방향만 제시하면 아이에게 성공의 길은 자발적으로 선택하지도 않은 오직 공부밖에 없어지는 셈이지요.

그러면 아이는 의무감에 사로잡힌 나머지 흥미와 적성을 탐색할 의지를 잃고, 학습에 재미를 느낄 수 있는 기회도 잃을지 모릅니다. 미국의 교육자 맬컴 놀스Malcolm Knowles는 자기 주도 학습을 해야 하는 세 가지 이유를 들었습니다. 첫째, 주도적으로 학습하는 학습자는 수동적으로 교육받는 반응적 학습자보다 더 많은 학습효과를 누립니다. 더 높은 목표와 열의를 가지고 학습을 하며, 배운 내용을 더 많이, 더 오래 기억합니다. 둘째, 자기 주도 학습은 인간의 심리적 발달에 있어 더 자연스럽습니다. 성숙해 가며 더 많은 책임이 주어지는 사람의 성장 과정에 자기 주도 학습이 부합한다는 것입니다. 마지막으로 셋째, 자기 주도적인 학습을 배우지 못한 학생들은 활동에 대한 책임을 요구하는 교육 환경에서 적응이 어려워 불안과 좌절, 실패를 경험하기 쉽기 때문입니다.[19] 자기 주도 학습을 가능하게 하려면 학습과 성공에 일대일 상관관계를 설정하기보다는, 아이에게 자율권을 주어 더 배우고 싶고 더 잘하고 싶은 걸 탐색하고, 자기에게 맞는 학습 방법을 찾아갈 수 있도록 격려해 주세요. 규율할 부분은 무엇이 됐든 배움을 소홀히 하지는 않는다, 어렵고 싫은 과목도 포기하지는 않는다 정도면 충분합니다. 좋아하는 걸 잘해서 자연히 성공이 따라오는 것만큼 행복한 일은 없습니다. 자기 주도적인 사람이 그런 행복에 더욱 쉽게 다가가리라는 건 어찌 보면 당연한 일이지요.

J*라서 계획적인 걸까?

학년이 올라갈수록 학습에 특히 필요한 자세가 자기 주도성입니다. 특히 방학은 교육 격차가 크게 벌어질 수 있는 시기입니다. 학교 수업처럼 잘 짜인 시간표가 없으니까요. 그래서 '버킷리스트챌린지'라는 학급 이벤트를 한 적이 있습니다. 아이들이 스스로 이루고 싶은 목표를 세우고 구체적인 실천 계획을 저에게 공유했습니다. 그중 서진이의 버킷리스트는 영어 실력 향상을 위해 담임선생님에게 일주일에 세 번 이상 영어 일기 메시지 보내기! 사실, 제가 아이들과 방학 동안에도 소소하게 소통하고 싶다는 생각에 예시로 넣었던 방식인데 서진이가 이를 실천하겠다고 한 것입니다. 서진이는 방학 동안 계획한 대로 저에게 꾸준히 영어 일기 메시지를 보냈습니다. 또 다른 버킷리스트였던 하루에 영어 단어 20개씩 암기하기도 완수했습니다. 개학 후 서진이가 낸 계획 실천 완수 목록들은 저를

---

* 마이어스-브리스 유형 지표(Myers-Briggs Type Indicator, MBTI)에서 선호하는 생활양식을 판단(Judging)과 인식(Perceiving) 두 가지로 구분할 때 판단 성향을 가리키는 알파벳 첫 글자.

미소 짓게 했습니다. 무엇보다도, 영작문을 어려워하던 아이가 자신만의 문장을 만들면서 다양한 문법 쓰임에 대한 이해도를 부쩍 끌어올렸다는 사실이 눈에 띄었습니다. 자기 주도 학습이 훌륭하게 이루어진 것입니다.

검사 도구나 결과의 공신력을 떠나 꾸준히 화젯거리가 되는 마이어스-브릭스 유형 지표, 흔히 MBTI라고 부르는 성격유형 검사가 있습니다. 알파벳으로 줄여 표시하는 결과에서 J(판단)가 나온 사람이 즉흥적인 성향을 나타내는 P(인식)가 나온 사람보다 계획성이 강하다고 하지요. 방학 동안 계획을 세우고 완수해 온 서진이는 J였던 걸까요? 글쎄요, 알 수 없습니다.

고등학생인 세리도 있습니다. 전교생이 기숙사 생활을 하는 학교에서는 자기 주도 학습의 과정과 결과가 비교적 뚜렷하게 관찰됩니다. 친구들에게 "진짜 대단하다! 어떻게 계속 집중할 수 있어?"라는 이야기를 들을 정도로 세리는 자율학습 시간에 졸지 않는 아이였습니다. 수업 시간에 세리를 보면 성적을 잘 받으려고 공부한다기보다 호기심을 바탕으로 몰입한다는 걸 느낄 수 있었고요. 호기심, 의지처럼 자신에게서 나오는 힘을 바탕으로 목표를 세우고 실천 계획을 수립해 흔들림 없이 나아가는 세리. 세리도 J였던 걸까요? 역시 알 수 없습니다. 성향과 상관없이 누구나 계획을 세울 수 있습니다. 계획을 세우겠다는 의지만 있다면 말이지요. 계획을 세우는 것, 그것을 실천하는 의지 모두 선천적일 수도, 후천적일 수도 있는 역량입니다. 아이가 어떤 성향이냐에 따라 다르다기보다 아이에게 얼마만큼 자기 주도적인 힘이 있느냐에 따라 계획과 실천의 여부가 달라진다고 보는 것이 옳습니다.

내 앞에 놓인, 내가 걸어갈 길이니 내 힘으로 한다는 생각. 그래서 목표를 향해 자신에게 맞는 계획을 세우고 중간중간 평가와 수정을 거치며 자기 경영을 실천하는 아이들이 성공적인 삶을 살아갑니다. 이런 아이들은 자기 주도적인 삶 속에서 자신을 객관적으로 보는 눈, 지속적인 자기 평가와 발전적인 피드백, 스스로를 성찰하고 반성할 줄 아는 훌륭한 인성도 함께 키워가며 미래 사회의 주인공이 될 것입니다.

어제보다 더 나은 오늘을 위한
학습 계획 세우기

_박경영

목표 설정-계획 수립-실천-피드백

자기 주도적인 학생은 학업 성적 상승을 위해 스스로 목표를 정하고, 그에 맞는 학습 계획을 세울 줄 압니다. 우리 아이들이 적절한 수준의 학습 목표를 설정하고 실천하는 데 도움을 주는 학습 계획 세우기 과정을 공유합니다. 다음 내용을 참고해 아이들이 자기 주도적으로 학습 계획을 세울 수 있도록 조언해 주세요.

1. 나에게 맞는 목표 정하기: 구체적이면서도 현실적으로 실현할 수 있는 목표를 정해야 "내가 해냈어! 앞으로 더 열심히 해봐야지" 하는 성취감과 도전 의식이 생깁니다. '○○대학교 컴퓨터공학과'에 진학하고 싶은 고등학생이라면 해당 대학교 입학처 홈페이지에서 수시, 정시 모집 입시 결과를 먼저 확인해 봅니다. 입시 결과와 현재 자신의 내신, 전국연합 학력평가, 모의평가 성적 간 차이가 너무 크다면 당장은 눈높이를 조금 낮출 필요도 있습니다. 가까운 시험부터 조금씩 성적을 올리며 목표를 높이겠다는 마음가짐으로 '다가오는 6월 전국연합 학력평가에서 국어, 수학

1등급씩 올리기'와 같이 달성 가능한 목표를 구체적으로 세웁니다.

2. 학습 시간 관리하기: 하루에 확보할 수 있는 학습 시간을 파악하기 위해 스터디 플래너를 꾸준히 작성하면 좋습니다. 성향에 따라 스터디 플래너 작성에 공을 들이며 분 단위로 시간을 쪼개 쓰려고 노력하는 아이도 있지만, 스터디 플래너 작성에 거부감을 느끼는 아이도 있을 텐데요, 번거롭게 여겨지더라도 학습에 온전히 집중하는 시간을 확보하기 위해 스터디 플래너를 작성하는 습관을 들여야 합니다. 플래너를 쓰면서 시간을 효율적으로 활용하려고 노력하다 보면 하루하루를 비교하며 전보다 더 많은 일을 해내고 있음을 눈으로 확인할 수 있습니다.

3. 우선순위 정하기: 제한된 시간 내에 최대의 효과를 내기 위해서는 우선순위를 정해야 합니다. 목표 달성을 위해 가장 필요한 일, 마감 기한이 얼마 남지 않은 일을 우선순위로 둡니다. '좋아하는 과목이라서, 오늘 집중이 잘되는 과목이라서' 원래 세워놓은 계획과 상관없이 특정 과목에만 몰입한다면 목표를 달성하기 어려워질 수 있습니다. 우선순위를 정하는 연습은 학업 성적을 올리는 것뿐만 아니라 다른 어떤 일을 하더라도 성과를 내는 데 도움이 됩니다.

4. 세부 계획 세우기: 학교 지필평가, 또는 전국연합 학력평가, 모의평가 등 시험 종류에 맞는 학습 계획을 체계적으로 세우는 것이 필요합니다. 학교 지필평가에 대비하려면 과목별 특성, 그동안의 학습량에 따라 적절한 계획을 세웁니다. 국어, 수학, 영어 등의 과목은 단기간에 성적을 올리기 어려운 측면이 있으므로 시험 기간에 닥쳐서 공부하기보다는 미리 충

분한 시간을 들여 수업 내용을 복습하고, 문제 풀이를 통해 배운 내용을 적용해 보아야 합니다. 암기가 필요한 과목은 단기에 집중하여 점수를 올릴 수 있으므로 시험 기간이 다가올수록 점점 더 비중을 높여나갑니다. 암기 과목에 더 많은 어려움을 느끼는 아이들도 있으므로 각자의 성향에 맞게 다양한 암기 방법을 시도해 보면 도움이 될 것입니다.

전국연합 학력평가, 모의평가 성적을 올리려면 장기간 지치지 않고 꾸준히 노력해야 합니다. 특히 시험이 끝난 그날에 시험 결과를 철저히 분석하는 것이 매우 중요합니다. 시험을 치던 감각을 떠올리며 과목별로 약한 부분이 무엇인지 구체적으로 파악하고, 부족한 부분을 보완하기 위한 학습 방향을 설정합니다. 문제집 열 권을 푼 사실 자체에 만족하기보다는 한 권을 풀더라도 개념을 제대로 이해하고 적용하여 푼 것이 맞는지, 틀린 문제가 다시 나온다면 맞힐 수 있는지를 중점적으로 살펴보아야 합니다.

5. 계획 달성 여부 피드백하기: 중간중간 학습 계획을 잘 지키고 있는지, 목표에 가까워지고 있는지 점검하는 과정이 꼭 필요합니다. 예상하지 못한 일이 생기기도 하므로 학습 계획을 100% 지키지 못했다고 해서 스트레스를 받을 필요는 없습니다. 단, 계획을 지키지 못한 이유를 스스로 분석하고, 과목 간 균형을 맞춰 학습하고 있는지는 파악해야 합니다. 우선순위에 있는 계획을 위주로 달성하다 보면 균형이 무너져 특정 과목에 소홀해지는 상황도 생길 수 있으니까요. 피드백 과정을 거치면서 목표를 적정 수준으로 조정하거나, 학습 방향을 다시 설정하여 부족한 부분을 보완합니다.

피드백을 위해서도 스터디 플래너가 필요합니다. 따라서 스터디 플래너 작성에 어려움을 겪는 아이라면 일주일에 한 번씩 선생님, 부모님과 함께 점검하는 시간을 마련하면 좋습니다. 이때 부족한 점을 지적하기보다는 구체적인 개선 방향을 조언하는 것이 아이에게 도움이 됩니다. 스터디 플래너 작성에 금방 싫증을 내는 아이에게는 일주일, 한 달 등 일정 기간을 정하고, 정한 기간에 스터디 플래너를 꾸준히 작성했을 때 작은 보상을 제시하는 방법도 시도해 볼 수 있습니다. 계획대로 실천해 뿌듯함을 느끼면 스터디 플래너를 작성해야 할 이유를 스스로 찾을 수 있을 것입니다.

1부: 인용 및 참고문헌

1   James W (1983) The Principles of Psychology, Cambridge MA:Harvard University Press (Original work published 1890).

2   Maslow, A. H. (1943) A Theory of Human Motivation, Psychological Review, 50(4), pp.370-396.

3   이영주 (2002) 부모와의 의사소통 유형과 중학생 자녀의 자아존중감 및 학교생활 적응과의 관계, 한남대학교 교육대학원 석사학위 논문.

4   Anne B. Smith (2004) How do infants and toddlers learn the rules? Family discipline and young children.

5   윤민지 & 유성경 (2013) 긍정정서와 삶에 대한 만족 관계에서 긍정사고, 의미발견 및 의미추구의 매개효과 검증: 대학생을 중심으로, 청소년상담연구, 21(1), pp.147-167.

6   Lyubomirsky, S., King, L., & Diener, E. (2005) The benefits of frequent positive affect: Does happiness lead to success?, Psychological Bulletin, 131(1), pp.803-855.

7   최정 & 현은민 (2018) 인간관계와 학습된 무기력의 관계에서 긍정정서의 효과: 특성화고등학교 학생을 대상으로, 한국기술교육학회지, 18(3), pp.130-152.

8   Corey, Gerald, *Theory and Practice of Counseling and Psychotherapy*, Minnesota: Brooks/Cole Publishing Company, 1986.

9   Eyre, L.. & Eyre, R., *Teaching your children responsibility*, (3rd ed.), New York: Simon & Schuster, 1994.

10 임성관 (2016) 소외 청소년들의 책임감 증진을 위한 독서치료 프로그램 사례연구, 한국비블리아학회지, 27(1), pp.87-110.

11 Watson, D. L., Newton, M., & Kim, M. (2003) Recognition of values-based constructs in a summer physical activity program, Urban Review, 35, pp.217-232.

12 조동협 (2009) 책임감 모형을 적용한 체육수업이 초등학생의 책임감 지각과 내적 동기에 미치는 영향, 서울교육대학교 교육대학원 석사학위논문.

13 단현국 (2014) 책임감 교육과 유아의 자기와 타인과의 관계 맺기 실행, 한국유아교육연구, 16(1), pp.1-24.

14 이은주 & 정영식 (2019) 온라인 교육에서 성실한 학습 태도가 학업 성취도에 미치는 영향 분석, 정보교육학회논문지, 23(5), pp.481-489.

15 Duckworth, A. L., Kirby, T. A., Tsukayama, E.,Berstein, H., & Ericsson, K. A. (2011) Deliberate practice spells success why grittier competitors triumph at the national spelling bee, Social Psychological and Personality Science, 2(2), pp.174-181.

16 Deci, E. L. (1971) Effects of externally mediated rewards on intrinsic motivation, Journal of Personality and Social Psychology, 18(1), pp.105–115. https://doi.org/10.1037/h0030644

17 김아영 (2010) 자기결정성이론과 현장 적용 연구, 24(3), pp.583-609.

18 한수연 & 박용한 (2019) 초기 청소년의 그릿 유형 예측요인 및 그릿 유형에 따른 몰입, 자기통제, 성실성의 차이, 영재와 영재교육, 18(3), pp.53-81.

19 Knowles, M. S., *Self-directed learning: a guide for learners and teachers*, Chicago, IL: Follett Publishing Co., 1975.

교실을 바꾸는
창의력

호기심이 많은 아이

    우리 학교 도서관의 책들을 살펴봅니다. 《수상한 질문, 위험한 생각들》이라는 제목이 눈에 띕니다. 청소년 도서 가운데는 아이들에게 질문을 던지듯 의문형 제목을 붙인 것이 많습니다. '법 없이 살아도 괜찮을까?'와 같은 사회 구조에 관한 의문, '민주주의란 무엇일까?' 같은 개념적 의문, '블랙홀이란 무엇일까?'와 같은 현상에 관한 의문 등 다양한 궁금증이 책을 장식하며 아이들의 선택을 기다립니다. 질문을 하고 답변을 얻는 과정을 통해 우리는 세상에 대한 의문을 해소하고 배움을 얻습니다. 그렇게 본다면 호기심은 결국 배움의 씨앗이나 다름없습니다. 호기심이 많아서 질문도 많고, 해답을 찾아 알아가는 기쁨을 느끼는 아이의 모습은 지켜보는 것만으로도 설레지요.

간혹 질문을 하면 무지가 드러난다고 생각해 질문을 하지 않으려는 사람들이 있습니다. 흔히 하는 오해이지요. 사실, "질문을 할 수 있는 사람은 무지에 대해 자각하는 현명한 사람"[1]입니다. 무지의 자각은 곧 지식의 갈구로 이어지므로 질문하는 사람은 결국 더 많은 학습을 하게 됩니다. 질문을 잘하는 아이들은 같은 수업을 듣고 활동을 수행하더라도 더욱 많은 것을 얻어 가고요. 수업을 진행하는 교사로서는 좋은 질문을 하는 아이들이 그렇게 반가울 수가 없습니다. 내용에 호기심이 생길 정도로 수업에 집중하고 있었다는 신호이니까요. 창의적 체험활동, 즉 동아리 수업은 질문에 충분히 시간을 할애해서 답해줄 수 있는 시간입니다. 그래서 저는 수업 중에 아이들의 질문을 자주 유도하고, 또 질문도 합니다. 어느 날 고전 《프랑켄슈타인》 수업을 진행하던 중 윤영이가 물었습니다.

"선생님, 작가는 왜 이런 내용의 소설을 썼을까요?"

"선생님, 괴물이 사람으로 받아들여질 수 있었을까요?"

첫 질문은 마침 수업 내용과 밀접하게 연관된 질문이기도 해서 바로 답해주었고, 두 번째 질문은 다양한 감상이 나올 수 있는 질문이어서 토론 시간을 마련했습니다. 수동적으로 수업 내용을 받아들이는 것 이상으로 사고를 확장할 수 있는 시간이었지요. 좋은 질문은 원하는 정보를 더 구체적으로 알 수 있게 돕고, 질문과 답변 과정에서 자신의 의견을 확고히 할 기회를 제공하기도 합니다. 윤영이의 두 질문은 모두 의미가 있는 좋은 질문이었습니다.

첫째도, 둘째도 대화

궁금한 걸 견디지 못하고 질문하거나 스스로 파고드는 아이들은 호기심이 많고 무엇이든 경험해 보고 싶어 합니다. 낯설지만 새로운 생각을 하는 창의적인 아이들이 그렇지요. 질문으로 답을 얻거나 스스로 알아가는 만큼 질문의 깊이도 점점 깊어집니다. 일상생활에서 아이가 부모님에게 자기 아이디어를 공유한다면 기회를 놓치지 말고 대화할 때입니다. 왜 그런 생각을 했는지, 그 아이디어가 무엇에 필요한지 꼬리에 꼬리를 무는 대화로 아이의 사고력을 확장할 수 있습니다. 학원 다니랴 숙제하랴 어른보다 바쁜 아이들과 제대로 이야기 나눌 시간이 없어 아쉬워하는 가정이 많습니다. 그러니 아이가 대화의 문을 열었을 때를 놓치면 안 되겠지요. 대화할 때는 다만, 의견의 좋고 나쁨을 단정 지어 평가하는 일, 내가 답이라고 생각하는 방향으로 아이를 유도하는 일이 없도록 조심해야 합니다. 부모도 생각을 확장하거나 도전 정신을 불러일으킬 만한 질문을 하며 아이에게 귀를 기울인다면 아이는 아이디어를 떠올리고 표현하는 일에 자신감을 얻을 수 있을 겁니다. 특히 자녀가 소극적이거나 소심해서 걱정스럽다면 가장 편안함을 느끼는 장소인 가정에서부터 자신 있게 의견을 말할 기회를 열어주는 것이 좋겠지요.

"왜?"라는 질문을 많이 건네세요. "그냥"이라는 대답만 아니라면, 대답을 준비하는 순간부터 아이의 뇌는 활발히 운동합니다. 모든 상황이 교육의 장이 됩니다. "일요일은 왜 일요일일까? 요일의 이름이 어떻게 우리 태양계의 행성들과 이름이 비슷하지?" 이렇게 우리가 매일 쓰는 용어들도 질문거리로 삼아 호기심을 불러일으킬 수 있습니다. 또는 특정 물건의 유래는 무엇일지, 아이들 근처에 있는 사물에 의문을 품도록 질문을 할 수도 있지요. 때로는 어른들도 정답을 모를 수 있습니다. 이때도 대화의 장을 열 절호의 기회입니다. 아이와 함께 다양한 가설들을 세워보고, 정보를 검색하면서 답을 찾아가 보세요. 정보 탐색 능력, 비판적 사고 능력이 자라나며 새로운 아이디어를 만들어내고, 또 정교화해 나가는 멋진 아이로 성장할 것입니다. 그 아이디어가 세상에 어떤 모습으로 두각을 드러내게 될지는 아무도 모르는 일이지요. 스티브 잡스나 일론 머스크처럼 혁신을 불러올 아이, 재미있는 방송 프로그램으로 힐링을 선사하는 나영석 PD처럼 자랄 아이가 우리 곁에 있습니다.

쓸데없는 호기심은 없다

반짝이는 아이디어는 주변 사람들에게 감동을 선사하기도 합니다. 노약자나 임산부 좌석도 대중교통 이용에 불편을 겪는 사람들을 위한 배려의 아이디어에서 나온 제도이지요.

과학의 날 있었던 일입니다. 아이들이 각자의 끼와 적성을 바탕으로 발명 아이디어 내기, 과학 상상화 그리기, 이과티콘 (과학 이모티콘) 그리기 중 한 가지 활동을 선택해 참여합니다. 활동을 지도하다 보니 다른 작품들이 궁금해져, 과학 교과 선생님에게 물었습니다.

"선생님, 혹시 과학 발명 아이디어 수상작 뽑으실 때 기억에 남은 아이디어 있나요?"

"정말 많은데요, 음… 이 작품 한번 보시겠어요?"

"발명품 이름, '달려라 바퀴 119'. 뉴스에서 구급차가 응급 환자를 이송하다가 차가 막혀서 골든타임을 놓치는 상황이 종종 생기는 걸 보고, 이런 상황을 줄이고 싶어서 발명하였습니다."

소리 내 읽는 도중에 벌써 기분이 좋아집니다. 골든타임을 놓쳐 사망한 사람들의 뉴스를 건성 넘기지 않고 내놓은 아름다운 아이디어. 발명 의도와 함께 기다란 바퀴가 달린 남다른 구급차가 수많은 차 사이를 가르며 지나가는 모습을 묘사한 그림이 있었습니다. 기다란 바퀴로 여러 차를 제치고 지나가며 위급한 환자를 살려냈으면 하는 바람이 담겨 있었지요. "길고 높은 모양의 구급차 바퀴가 다른 차들보다 커서 빨리 응급실에 갈 수 있다"라고 적은 작품 설명은 과학적 근거가 다소 부족할지라도, 세상을 향한 호기심이 따뜻한 마음과 만나면 어떤 시너지가 생기는지 충분히 보여주었습니다.

호기심은 또한 의미 있는 질문이 됩니다. 아이들의 호기심이 모이는 장소이니만큼, 교실에서 교사는 많은 질문을 받습니다. 학년이 올라가고 학교급이 달라지면서 질문과 발표의 양이 줄어든다고는 하지만 적어도 초등학교에서는 정말 많은 질문이 매일 쏟아지지요. 아이들은 수업 내용을 질문하기도 하고, 나름대로는 대단히 심각한 질문, 혹은 교사가 이미 했던 말을 반복해야 하는 질문이나 의미를 알 수 없어 도리어 교사 쪽에서 되물어야 하는 질문을 하기도 합니다. 심지어 "선생님! 질문 있어요!" 해놓고 질문을 빙자한(?) 자기 말하기를 하는 아이들을 보면 귀여워서 절로 웃음이 납니다. 어떤 형태이든 모든 질문에는 나름의 의미가 있습니다. 교사의 발문을 이해하지 못해서 던지는 질문이거나, 그냥 자신의 머릿속에 있던 생각을 꺼내서 말하고 싶은 질문마저도 의미가 있습니다. 하지만 질문에 진정한 의미가 있으려면 두 가지가 필요합니다.

첫 번째는 깊이입니다. "수학을 잘하려면 어떻게 해야 해요?"라는 질문보다 "문장제 문제와 서술형 문제를 잘 풀려면 어떤 연습을 해야 할까요?"라는 물음에서 질문한 사람의 의도나 생각이 더 뚜렷하게 드러납니다. 같은 맥락의 질문이어도 보다 구체적이어서 진심으로 알고 싶은 마음이 느껴지지요. 두 번째는 상황입니다. 남의 말을 전혀 듣고 있지 않다가 뜬금없이 대화 주제와는 아무 상관없는 "근데 오늘 점심 메뉴가 뭐죠?"라고 묻는 건 적어도 해당 상황에서는 진정으로 의미 있는 질문이 아니지요. 따라서 의미 있는 질문은 적절한 맥락 속에 깊이가 담긴 질문입니다. 그런 질문은 개인의 성장을 돕고, 구성원들에게도 영감을 줍니다.

질문하는 연습

상황 파악과 깊이, 이 두 가지를 충족하는 질문 능력을 기르려면 충분한 연습이 필요합니다. 초등 교실에서는 깊이와 상황을 고려한 질문을 할 수 있도록 다음과 같이 지도하고 있습니다. 먼저 주제에 대한 다양한 배경 정보를 제공합니다. 배경지식과 다양한 정보로 학생들의 호기심을 자극하고, 궁금한 점을 적어보도록 합니다. 그다음 '예/아니요'로 대답할 수 있는 질문은 다시 한번 구체적으로 적되, 이번에는 '예/아니요'만으로 대답하지 못하는 질문으로 바꿔 적게 합니다. 이런 단계별 과정을 거치며 학생들은 의미 있는 질문을 하는 방법을 익히지요. 의미 있는 질문을 만드는 습관은 학습의 몰입도를 높입니다. 단순한 대답으로 끝나지 않는 질문을 하려면, 횡으로는 맥락을 따라가고 종으로는 깊이 파고들면서 내용을 이해해야 하므로 학습 효과를 높일 수 있습니다.

가정에서도 같은 방식으로 질문하는 방법을 지도해 보세요. 명확한 목적에 맞는 질문을 하는지, '예/아니요'로 대답하는 질문이 아닌 개방형 질문을 하는지, 상대방의 상황을 존중하며 질문하고 있는지를 살피되, 아이의 질문 자체를 존중하며 발전시킬 수 있도록 지도한다면 질문을 통해 배움을 얻어 더욱 성장하는 아이로 키울 수 있습니다. 때로는 아이의 질문이 사소하게 여겨지더라도 열린 마음으로 경청해 주세요. 주변 사람들이 자기 의견을 존중해 준다는 생각만으로도 아이는 질문하는 일에 자신감을 얻지요.

스스로 질문하고 답을 찾는 습관을 길러주려면 간단한 질문이라서 어른이 바로 답해줄 수 있는 상황이더라도 아이의 생각을 먼저 묻고, 관련 자료를 찾는 방법을 알려줍니다. 이렇게 아이가 스스로 답을 찾을 수 있도록 나아가야 할 방향을 제시해 주면 능동적으로 문제를 해결하는 힘도 기를 수 있습니다. 의문을 해소하기 위해 다양하게 시도하는 과정에서 더 의미 있는 질문으로 발전시킬 수도 있고요.

질문하는 습관을 기르기 위한 또 다른 훌륭한 교육법으로 하브루타가 있습니다. 하브루타란 "두 명씩 짝을 지어 하나의 주제에 대해 찬성과 반대의 의견을 교체하여 논쟁하면서 진리를 찾아가는 방식"[2]으로, 배움이 학생 스스로에게서 온다는 전제를 두고, 세 단계로 수행합니다. 첫 번째 단계는 '주제 이해'

로, 이 단계에서는 주제를 고른 뒤 그 주제를 얼마나 이해하고 있는지를 공유합니다. 두 번째 단계는 '하브루타'로, 주제에 대한 찬성과 반대의 입장을 한 번씩 오가며 찬반 토론을 진행합니다. 이 과정에서 폭넓은 시야로 문제를 바라보고 비판적으로 사고하는 능력을 기를 수 있지요. 마지막으로 '상호 피드백' 단계에서는 하브루타를 통해 얻어낸 결론을 정리하고 서로 이야기했던 근거가 타당했는지 확인한 후, 최종적으로 합의한 결과를 발표합니다. 이화여자대학교에서 진행한 연구 결과에 따르면, 하브루타를 활용한 토론 수업에서 학생들은 교사가 제공한 근거 외의 내용을 스스로 찾아 근거로 활용하였으며, 토론에 필요한 표현들에 익숙해졌고, 더 넓은 범주의 지식을 얻었으며 비판적 사고력을 함양하게 되었습니다.[3] 하브루타 수업에서는 토론 과정에서 서로 유의미한 질문과 대답을 주고받는 것이 필수이므로 좋은 질문을 만드는 경험을 밀도 높게 할 수 있습니다.

한국어교육학회의 논문에 따르면 질문에는 정보 요구 기능, 확인 기능, 청자 참여 유도 기능, 청자 발화 수정 기능, 간접 수행 기능, 그리고 오락 기능이 있다고 합니다.[4] 우리는 질문으로 새로운 정보를 얻고, 상대와 의견을 교환할 때 내용을 재확인하며, 다른 사람이 대화에 참여하도록 유도합니다. 또한 타인의 잘못된 발언을 정정하거나 우회적으로 제안, 명령, 또는 진술하고, 즐거움을 얻어내기도 합니다. 이처럼 질문은 다른 사람과의 교류와 개인의 성장에 큰 역할을 하지요. 아이들이 세상에 다양한 호기심을 품고 질문하는 사람으로 자랄 수 있도록 우리 어른들도 아이의 세상에 호기심을 품고 살아가면 좋겠습니다.

호기심은

의미 있는

질문이 됩니다.

CHAPTER 2.
자신의 감정을 존중하는 아이

자신의 감정을 이해하고 올바르게 표현하는 능력은 아이들의 정서적 성장과 사회적 관계 형성의 근간입니다. 감정이라는 개념의 복잡성과 다양성으로 인해, 어린아이들일수록 감정을 이해하고 표현하는 데 어려움을 겪는 경우가 많습니다. 코로나19 팬데믹을 거치면서 오랜 격리 환경에 놓여 있던 상황도 아이들이 감정을 적절히 표현하는 연습을 하는 데 걸림돌이 되었지요. 가정과 학교에서 아이들이 자신의 감정을 이해하고 표현하는 방법을 가르치는 데 더욱 신경을 써야 하는 이유입니다.

감정을 이해하고 표현하기 좋은 환경 조성하기

가정에서의 대화는 아이들이 감정을 차분히 이해하고 편안한 환경에서 올바르게 표현하는 방법을 배울 수 있는 기회를 제공합니다. 그러니 따로 대화할 시간을 마련하기 힘들다면 밥상머리 대화만큼은 꼭 챙기길 추천합니다. 가족이 함께 저녁을 먹으며 일상을 공유하고 공감하면서 아이들이 자기 이해를 확장하고, 감정을 적절히 표현하거나 해소할 수 있도록 양육자의 지지와 격려가 필요합니다. 모든 감정은 소중합니다. 설령 부정적인 감정이라도 쓸모없는 감정은 없습니다. 슬픔이나 화, 혹은 두려움을 부정적으로 인식하여 억누르기만 하고 제때 적절한 방법으로 해소하지 못하면 그 감정들이 쌓여 마음에 병이 생깁니다. 어른도 아이도 마찬가지이지요.

하워드 가드너Howard Gardner가 말하는 '개인이해지능'을 함양할수록 자신의 감정을 잘 알아차리고 건강한 방법으로 해소할 수 있습니다. 즉, 자신을 이해하고 느낄 수 있는 인지적 능력을 키우도록 노력해야 하지요. 일기 쓰는 습관을 들이면 아이들의 개인이해지능 증진에 도움이 됩니다. 일기 쓰기를 지도할 때는 우선, 부모라 해도 너의 사생활을 존중하겠다는 메시지를 아이에게 확실히 전달하여 아이가 자신의 마음을 솔직하게 드러내는 데 편안함을 느끼게 해줍니다. 또한 타임라인 기록하듯 하루 동안 한 일을 그저 나열하기보다, 하루의 감정 선을 따라가며 반추하는 방식으로 일기를 적어 내려가도록 조언해 주면 분주하게 하루를 보내느라 당시에는 미처 인지하지 못했던 자신의 감정을 들여다보는 소중한 기회가 될 거예요. 일기 쓰기 습관이 자리 잡히고 나면 아이에게 혼자만의 시간을 주고, 꼭 일기가 아니어도 글로 자신의 마음을 적어보라고 격려해 주세요. 자신의 생각을 언어화하는 과정에서 아이들은 자아성찰과 자기 탐색의 기회를 얻을 것입니다. 쇼펜하우어를 비롯한 많은 철학자들이 고독의 중요성을 강조했듯, 사람은 혼자 있는 시간을 통해 자기 자신과 제대로 마주하게 됩니다. 자신을 잘 이해하면 할수록 표현도 더욱 잘할 수 있겠지요. 아이들이 자신의 특별함을 마음껏 발휘할 수 있는 어른으로 성장해 가는 과정에서 무엇보다 먼저 자신의 감정을 돌보고 존중하는 방법을 배우도록, 어른들도 아이들의 마음을 존중하고, 때로는 여유를 가지고 기다려주어야 합니다.

청소년에게 특히 중요한 자기감정 존중하기

"너 T야?"라는 질문, 받아본 적 있나요? MBTI 성격유형 가운데 특히 T인지 F인지를 궁금해하는 경우가 많습니다. '사고 Thinking'를 의미하는 T 성향은 문제나 상황에 보다 이성적이고 논리적으로 접근하려는 경향이 있다고 합니다. T든 F든 특정 유형이 더 도덕적이거나 인간적인 사람이지는 않습니다. T 성향이라고 해서 감정을 이해 못 하는 것도 아닙니다. 성향과 상관없이, 자신의 감정을 이해하고 잘 다스리며 건강한 삶을 영위하는 사람이 다른 사람에게도 긍정적인 영향을 줄 수 있다는 사실이 더욱 중요하지요.

청소년기 아이들은 급작스러운 호르몬 변화로 여러 혼란을 겪게 됩니다. 청소년 시기의 뇌는 일생 중 남성호르몬인 테스토스테론이 가장 많이 분비되어, 공격적이고, 경쟁적이면서 한편 독립성도 띕니다.[5] 자신의 감정을 알아차리기가 더 어려워지지만, 동시에 감정의 발달과 이를 다루는 역량의 성장에 매우 중요한 시기입니다. 이렇게 발달하는 감정은 사람이 선택을 내리는 데 지대한 영향을 미칩니다. 노벨상 수상자 허버트 사이먼Herbert Simon은 〈감정과 의사결정〉이라는 논문에서 사람이 가진 '제한된 합리성Bounded Rationality'을 증명했습니다.[6] 풀이하자면, 사람이 모든 경우의 수를 다 알 수 없을 때 반드시 최적의 선택을 하는 것이 아니라, 상황을 단순화시킨 끝에 상대적으로 만족스럽게 느껴지는 선택지를 고른다는 것입니다. 감정은 이 '만족스러움'에 영향을 미치는 중요한 변인입니다.

중학교 3학년 2학기가 시작된 지 며칠 지나지 않은 날이었습니다. 학급 게시판 '선생님과의 만남' 코너에 진주의 이름이 적혀 있습니다. 이 코너는 제가 매달 새로운 달의 달력을 칠판 옆 학급 게시판에 붙여놓으면 아이들이 원하는 날짜와 시간대에 자기의 이름을 적어, 시간이 겹치지 않게 상담을 신청할 수 있도록 만든 시스템입니다.

진주는 한마디로, 나무랄 데 없는 모범 학생이었습니다. 본인이 입 밖으로 뱉은 말은 꼭 지키는 야무진 학생이기도 했지요. 워낙 똑 부러지는 아이인지라 알아서 뭐든 잘해낼 거라 생각하고 있었는데, 그런 진주가 상담 신청을 하고 처음으로 꺼낸 말은 순간 저를 멈칫하게 했습니다.

"선생님, 요새 공부 때문에 걱정이 많고 마음이 힘들어요."

"무슨 일일까, 진주야? 진주 충분히 공부 잘하잖아. 어떤 부분이 힘들어?"

"사실 공부를 꾸준히 열심히 해왔는데요, 그리고 성적도 꽤 잘 나왔었는데, 3학년 1학기 때 열심히 했던 과목에서 점수가 잘 안 나왔어요. 여느 때와 다름없이 정말 열심히 했는데… 그래서 그때 허탈감을 느꼈던 것 같아요. 이렇게 열심히 해도 점수가 안 나오는데, 그냥 열심히 안 해야겠다… 그러다가 거의 모든 과목을 놔버렸던 것 같아요."

정신적으로도 성숙한 진주는 압박감과 스트레스를 토로하며 눈물을 보이기도 했지만, 노력만큼 점수가 나오지 않았다고 공부를 놓아버린 자신의 선택을 후회하며 반성도 했습니다. 무엇보다 '스트레스받는다' 혹은 '슬프다'는 단순한 감정이 아니라 자신이 느끼는 감정이 어디서부터 왔는지 그 원인을 잘 이해하고 있었고, 감정을 충분히 표출하여 해소하고 긍정적으로 승화하기 위해 스스로 상담을 신청해 믿을 만한 어른에게 조언을 구했습니다. 특히나 다양한 변화를 겪는 청소년기에, 진주처럼 이렇게 자신의 감정을 제대로 이해할 수 있다면 불투명한 상황에서 선택을 내리는 일이나 해결책을 찾는 일이 훨씬 쉬워집니다. 혼란스러운 마음 상태일 때보다 마음이 차분할 때 생각이 명료해지는 건 당연한 일이겠지요. 저는 진주에게 "네가 이미 답을 알고 있을 테니, 스스로를 믿고 앞으로 나아가라"고 말해주었습니다. 학기 초부터 건강한 방식으로 자신의 감정을 다스린 진주는 새로운 계획과 실천으로 2학기에 폭풍 성장하는 모습을 보여주었습니다.

학교급이 바뀌면 새로운 환경에 적응하면서 자연스레 크고 작은 어려움을 겪습니다. 고등학교 때는 더욱이, 학습량이 어마어마하게 늘어나는 상황에서 처음 만나는 친구들, 선생님과 새로운 인간관계를 만들어 나가기가 쉽지만은 않습니다. 학교생활에 적응한 이후에도 친구와의 갈등, 좋은 성적을 받아야 한다는 압박감으로 스트레스가 쌓일 수 있고요. 12년의 학교생활을 하는 동안 자신의 감정을 이해하고 존중하는 연습을 충분히 한 아이는 사회에 진출해서 누구를 만나더라도 자신의 감정을 현명하게 전달할 수 있을 것입니다.

자신의 감정을 잘 드러내지 않는 아이의 마음을 들여다보기는 매우 어렵습니다. 상담 과정에서 학생이 먼저 속마음을 이야기해 주면 좋지만, 정서행동특성검사를 통해 아이의 심리를 파악할 때도 있습니다. 평소 장난스러운 표정으로 친구들을 대하던 재형이가 '불안/우울' 측면에서 어려움을 겪고 있다는 점을 정서행동특성검사 결과에서 확인하고 개별상담을 진행하던 도중에, 재형이가 "검사 결과가 부모님께 가는 건가요?"라고 물었습니다. 절차상 부모님께서 결과를 확인하실 거라고 알려주자 재형이의 표정이 심각해지며 "실제로는 다른 친구들도 비슷할 거예요. 검사 다시 받고 싶어요."라고 합니다. 위낙 주변에 걱정 끼칠 만한 일을 내색하지 않는 성향이었던 것이지요. 감정적으로 힘든 상태를 너무 참아온 건 아닌지 걱정되었습니다. 재형이의 걱정도 덜어줄 겸, 우선은 검사 결과를 언급하지 않고 학부모님과 상담을 진행했습니다. 재형이가 감정 표현에 익숙지 않아 속내를 잘 드러내지 않지만 아무래도 학교에서 긴 시간을 지내다 보니 친구 관계에서 오는 스트레스가 있어 보인다는 부모님 의견까지 듣고 나서, 재형이와 개별상담을 이어가며 일상생활, 관심사 등 가벼운 소재로 꾸준히 대화를 나누기 시작했습니다. 자신의 감정을 표현하는 데 익숙하지 않아 대부분 '좋은 게 좋은 거다' 식으로 웃으며 지내왔던 재형이는 갈등 상황이 생겨도 최대한 참다가 갑작스럽게 화를 낼 때가 있었다고 합니다. 상담을 진행하며 조금씩 속마음을 털어놓게 되면서, 나중에는 서운하거나 힘든 일이 있을 때 친구들과 그때그때 자신의 감정을 자연스럽게 표현하고 해소하는 재형이의 모습을 확인할 수 있었습니다. 자신의 감정을 살피고 제대로 돌보기까지 상당한 시간이 걸릴 수도 있지만, 개인의 성장을 위해 꼭 필요한 시간임을 깨닫도록 주변에서 조금만 도와준다면 청소년기 아이들은 충분히 스스로 변화할 힘을 지니고 있습니다.

자신의 감정을 제대로 이해하려면 먼저, 감정에 적절한 이름을 붙이고 수용하는 과정이 필요합니다. 만약 강렬한 감정을 다루는 일에 곤란을 겪는 아이가 있다면 그 감정은 어떤 이유로 생겼으며, 어떤 결과를 불러올지, 앞뒤를 생각하도록 조언해 주면 좋습니다. 이는 도서《아들러의 감정수업》에서 다루는 내용입니다.[7] 감정을 제때 적절히 표현하는 것도 중요합니다. 억압하고 축소하다 보면 도리어 엉뚱한 곳에 화풀이를 하거나 마음의 병을 얻을 수도 있습니다. 흔히 '감정을 컨트롤한다'고 말하는데, 이는 그저 잘 참는다는 뜻이 아니라 감정을 올바르게 받아들이고 해소한다는 의미입니다. 그림책부터 일반 성인 대상 도서까지, 복식호흡하기, 눈을 감고 느꼈던 감정 되새기기 등 감정을 잘 다스리는 구체적인 방법을 소개하는 책들이 많습니다. 심리·정신 분야 전문가들도 기분과 별개로 행동을 선택할 수 있다는 점을 수없이 강조하지요. 지금 기분이 불쾌하더라도, 행동으로 바로 연결하지 않는 연습을 하면 좋습니다. 단, 기분과 태도를 분리하는 일은 감정을 억누르고 참기만 하는 것과는 다르다는 걸 깨달아야 합니다. 자기감정을 존중하려면 해소해야 할 감정을 긍정적인 방향으로 해소해야 하지요. 또래 아이들의 사례에 자신을 비추어보는 방법도 도움이 됩니다. 도서《나는 왜 내 마음을 모를까?》에서 저자는 자신의 감정을 잘 몰랐기에 발생한 청소년들의 다양한 사건 사고를 예시로 들어주며, 자신의 감정을 잘 알면 "허튼 곳에 삶의 에너지를 낭비하지 않고 집중할 곳에 집중할 수 있다"[8]고 말합니다.

자신의 감정을 잘 이해하면 자기 본연의 능력을 더욱 잘 발휘할 수 있습니다. 감정을 스스로 돌아보고, 마음의 혼란을 해소하기 위해 다양한 방법을 고민하고 시도하면서 생각이 새롭게 열리니까요. 감정이 없으면 선택 자체를 하지 못한다는 연구 결과가 있습니다. 뇌에 종양이 생겨 감정을 담당하는 부위를 제거한 사람들이 대안을 생각하고 장단점을 가려내는 것까지는 가능했지만, 최종적인 결정을 내리는 것은 불가능했다고 합니다.[9] 창의력에 필요한 사고 과정에는 다양한 선택지 중 나에게 의미 있는 것을 선별하여, 그에 집중할 수 있는 능력이 포함됩니다. '나에 대해 잘 아는 일'이 선행될 때 우리 아이들의 창의력이 비로소 온전히 피어날 것입니다.

TIPS

정서지능 검사 방법 및 결과 활용 방법

_최명주

미래 사회에 더욱 필요한 능력, 정서지능

예전에는 IQ 테스트만으로 아이들의 역량을 판단하곤 했습니다. IQ가 높으면 '똑똑하다'고 생각했고 무엇이든 잘할 거라 여겼지요. 하지만 한 사람의 역량은 다양한 척도로 판단해야 합니다. 그중 정서지능(EIEmotional intelligence)이란 자신과 다른 사람의 정서와 감정에 공감하고, 자신이 가진 감성 정보를 활용하여 주어진 상황에 맞게 적절한 행동으로 표현하고 조절할 수 있는 능력을 의미합니다.[10] 감정이 없는 인공지능이 한자리를 차지할 미래 사회에서 의미 있는 인간관계를 맺는 데 오히려 더욱 중요해질 능력이지요.

정서지능을 수치화한 지표를 정서지수(EQEmotional Quotient)라 하며, 누구나 손쉽게 온라인상으로도 측정 가능합니다. 검사 후에는 정서지능을 이루는 하위 요소인 사회성, 자기조절, 공감, 행복 등의 수치와 해설을 확인할 수 있습니다. 다만 결과를 볼 때는 어떠한 역량도 일회성 결괏값만을 가지고 판단하면 안 되며, 능력은 늘 변한다는 사실을 명심해야 합니다. 정서지능도 얼마든지 향상시킬 수 있는 능력입니다.

정서지능 검사 결과는 정서적 지능을 이루는 하위 요소를 인지하고 삶에 적용하는 참고자료로 활용하면 좋습니다. 아이와 함께 각 능력의 수치를 확인하며 상대적으로 부족한 요소가 일상생활에 어떤 영향을 미칠지 고민하고, 각 요소의 개념과 필요성을 깨닫는 것만으로도 아이들에게 다소 부족한 부분을 발달시키는 데 큰 도움을 줄 수 있습니다. 정서지능을 이루는 하위 요소는 다음과 같습니다.

- **사회성:** 타인과 건설적으로 의사소통하고 사회화하는 역량
- **자기조절 능력:** 자신의 감정과 충동을 조절하며 과업에 집중할 수 있는 역량으로, 개인의 스트레스 지수를 관리하며 외부적 압박과 충동을 잘 다루는 능력을 포함
- **공감 능력:** 다른 사람들의 관점과 행동의 이유를 이해하는 능력. 소통하는 데 있어 얼마나 다른 사람의 생각이나 감정을 고려하는지를 포괄
- **행복:** 낙관성이나 개인적 만족감, 자존감을 반영하는 정서지능으로서 역경을 마주했을 때 자신감 있는 태도를 유지하는 경향

결국 정서지능을 향상시키는 것이 우리의 최종 목표인데요, 이때 상황이나 사건들을 명확하고 객관적으로 인지하는 자세가 중요합니다. 즉, 감정적으로 불편한 상황을 회피하지 않고 자신의 감정을 인정하는 태도, 감정적으로 힘든 상황을 받아들이고 그 상황에서 잠시 나와 자기 자신과 주변 사람, 상황을 객관적으로 바라보는 노력이 필요합니다. 예를 들어, 시험을 앞두고 불안하고 긴장될 때 주변 사람에게 스트레스를 풀기보다 '내가 그만큼 시험 준비를 열심히 하려다 보니 부담감이 크구나'를 우선 인지한 후, 산책을 하는 등 스스로 긴장을 풀기 위한 대처 방법을 찾을 수 있겠지요.

정서지능은 타인의 감정을 인식하여 원만한 관계를 유지하는 데에도 중요하게 작용합니다. 다른 사람의 비언어 단서를 읽고, 상대방의 말을 경청하고 있다는 신호를 보내거나 적극적으로 반응하는 일, 눈 마주치며 대화하기, 적절한 어투 사용하기 등이 모두 정서지능과 관련 있는 태도입니다. 평소에 같은 경험을 하더라도 다른 사람은 어떤 감정을 느낄지를 늘 생각하고, 영화나 책을 보며 등장인물의 입장에서 같은 사건을 재조명해 보며 감정을 이입하는 연습을 한다면 정서지능을 함양하는 데 도움이 될 것입니다.

> **무료 EQ 테스트 누리집 주소**
>
> https://www.idrlabs.com/kr/global-eq/test.php

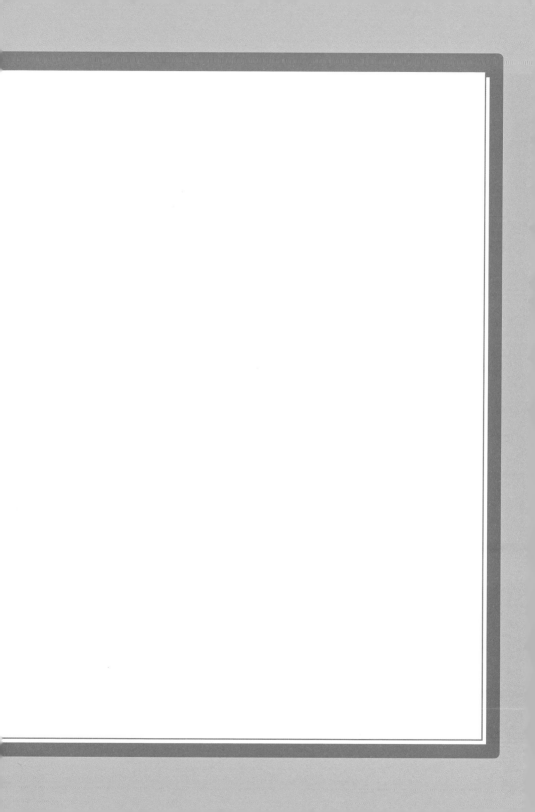

CHAPTER 3.
창의적으로 생각하는 아이

이제는 많은 정보를 알고 있다는 것만으로 살아남을 수 없는 사회입니다. 지식의 암기를 넘어 다양한 분야의 지식을 조합하며 새로운 지식을 창출해 낼 수 있어야 합니다. 구글Google과 메타Meta 등 유수 기업에서 창의적 사고 촉진을 위해 독특한 인테리어를 시도하기도 할 만큼, 지금 사회는 창의적인 인재를 원하고 있습니다. 창의적인 아이는 다양한 아이디어에 수용적이며 새로운 관점을 받아들입니다. 늘 '내가 다른 상황에 부닥친다면?' 하는 사고를 바탕으로 변화를 추구하며 세상의 패러다임을 바꿀 수 있는 잠재력을 지녔지요.

중학교 도덕 수업을 참관했을 때의 일입니다. '무지의 베일'이라는 개념을 학습하기 위해 아이들이 EBS 영상 속 돌아가신 부모의 빚을 갚아야 하는 상황극을 봅니다. 그리고 모둠별로 각기 다른 상황에 있는 4남매에게 부모의 빚을 공정하게 분배하는 활동을 진행합니다.

"자, 여러분은 4남매 중 한 명입니다. 돌아가신 어머니의 빚 6천만 원을 갚아야 하는 상황이에요. 빚을 어떻게 분배하는 것이 좋을까요? 모둠별로 토의해서 빚을 분배해 보세요."

"의사인 김영희 씨가 거의 갚아야 하는 것 아냐? 장녀이기도 하고 돈을 제일 많이 벌잖아."

"그럴 것 같긴 한데 차남인 김영수 씨도 연 소득이 8천만 원이니까 돈을 꽤 내야 할 것 같은데?"

"연 소득만 따지면 안 될 것 같아. 김영수 씨는 부양해야 할 자녀들이 두 명이나 있어."

무지의 베일은 개인이 자신의 상황과 성향을 모르는 상태에서 정책을 만들 때 합리적이고 공정한 결정을 내릴 수 있다는 가정을 말하는 존 롤스John Rawls의 개념입니다. 아이들은 자신이 4남매 중 한 명이지만 그중 누구인지는 모르는 상황에서, 반짝이는 아이디어를 내며 가장 정의롭게 빚을 분배하려 노력했습니다. 단순히 소득만 고려하지 않고 각 인물의 부양가족 상황이나 현재의 빚 수준 등 다양한 여건을 같이 살피는 모습을 보여주었습니다. 창의성을 발휘하여 자신의 의견을 제안하면서도 공정성과 윤리적 가치를 반영한 해결책을 찾아내려 노력했지요. 그리고 나서 자신이 4남매 중 누구인지를 확인할 때 아이들은 자신이 내야 할 빚에 수용적인 반응을 보였습니다. 여러 사람의 상황을 객관적으로 바라보고 모둠원들이 합의하여 결정한 빚의 분배였기 때문입니다.

"그래, 내가 만약 막내로 태어났더라면 아직 모은 돈이 많지 않아 빚을 갚기 힘들었을 테니까…."

처음에 막내에게 다른 남매들과 비슷한 빚을 갚게 해야 한다고 주장했던 수철이도 모둠원 각자의 창의적인 해결책을 들으면서 '내가 막내로 태어났더라면 어땠을까'로 생각을 확장해 열린 마음으로 결과를 수용하는 모습을 보였습니다.

미래 사회가 요구하는 창의성

2022 개정 교육과정의 인재상은 "포용성과 창의성을 갖춘 주도적인 사람"이라고 합니다. 직전 교육과정의 "창의 융합형 인재"와 공통으로 창의의 가치를 강조하지요. 인간 심리발달

측정에 큰 공헌을 한 미국의 심리학자 길퍼드J. P. Guilford는 창의성을 '새롭고 신기한 것을 낳는 힘'이라고 정의했으며, 이미 알고 있는 지식 중에서 가장 적합한 답을 찾아내는 '수렴적 사고'와 차별화되는, 다양한 정보를 광범위하게 탐색하여 기존에 없던 답을 새로이 내놓는 '확산적 사고'를 창의적 사고의 핵심으로 보았습니다.[11] 확산적 사고는 주어진 문제에서 최대한 많은 답을 찾아내는 '유창성', 일반적인 사고에서 벗어나 답을 찾아내는 '융통성', 질적으로 참신한 아이디어를 낼 수 있는 능력인 '독창성', 그리고 기존에 존재하던 생각들을 보다 정밀하고 구체적으로 발전시킬 수 있는 능력인 '정교성'과 같은 특징들로 규정됩니다.[12] 생성형 인공지능 등 인간의 능력을 대체할 기술이 발달함에 따라 사람에게는 정보를 그대로 받아들여 수용하는 능력보다는, 이를 통합해 의미를 새로이 만들어내고, 비전을 제시할 수 있는 사고 능력이 더욱 요구됩니다.

창의적인 아이디어는 특유의 이로움으로 사람의 마음을 움직입니다. 수행평가는 학생들의 창의성을 살펴볼 수 있는 좋은 기회인데요, 고등학교 1학년 통합사회 수행평가에서 행복 프로젝트로 '학교 구성원의 행복 지수를 높이는 방안'을 마련하여 실행하도록 했습니다. 최근 6개월 동안 행복을 느낀 순간을 써보면서 주제와 관련하여 자신의 경험을 구체적으로 떠올리고, 개개인의 성향과 강점을 살려 아이디어를 구체화하도록 했지요. 예인이는 입학 초기 기숙사 생활에서 겪은 어색함을 해소하고자 상대를 배려하는 고운 말을 사용하고, 하루에 한 번 다른 학생에게 응원 메시지를 전달하는 행복 지수 높이기 방안을 마련해 친구들의 마음을 움직였습니다. 다른 학생들과 많은 시간을 함께 지내면서 서로 예민해질 수 있는 상황에서 주변에 긍정적인 에너지를 전달하고자 하는 마음이 담긴 아이디어였는데, 역시나 다른 학생들로부터 "예인이 덕분에 호실 분위기가 좋아졌어요!"라는 피드백을 받았습니다. 물론 아이디어만 두고 본다면 이제껏 세상에 없던 독창성을 보여주었다고 평가하기는 어려울 수 있습니다. 그러나 자기 주변을 이롭게 하는 변화를 고민하는 사람이 아니라면 결코 쉽게 떠올릴 수 없는 생각이지요.

완전히 새로운 것을 생각해 내는 혁명, 혁신에 가까운 창의력도 중요하지만, 다른 사람은 스쳐 지나가는 평범한 일상을 놓치지 않고 살펴 정교하게 구체화하면 나를 포함한 주변부터 새롭게 바꿔나갈 수 있습니다. 점차 파편화하는 세상에서 우리 아이들이 이런 다정하고 세심한 창의력을 발휘한다면 당장의 학교생활이 즐거워짐은 물론, 미래 사회가 지금 어른들의 생각만큼 걱정스럽진 않겠지요?

창의성을 꽃피우는 교육

아이들이 마음껏 창의성을 발휘하려면 무엇보다 실패를 두려워하지 않는 마음이 필요합니다. 새로운 시도는 시행착오를 동반하기 마련인데, 실패에 두려움을 느낀다면 아이는 실패하지 않기 위해 정답이 있는 행동만 반복하겠지요. 그러다 보면 경직된 사고와 의존적 태도에 길들여집니다. 따라서 아이의 실패에 관대한 마음을 가지고 새로운 시도를 격려하는 분위기를 조성해 주어야 합니다. 안타까운 이야기이지만, 학생들이 대표적으로 실패라고 생각하는 것이 '낮은 성적'입니다. 학창 시절에 성적을 잘 받으면 좋기야 하겠지만, 좋은 성적을 거두지 못한다고 해서 다른 방향으로 능력을 펼치는 일을 두려워할 필요는 없다는 것을 어른인 우리는 잘 압니다. 그러니 혹여 성적이 오르지 않아 아이가 위축되어 있다면 결과 자체보다는 왜 그런 결과가 나왔는지를 돌아보고, 만약 노력이 부족했다면 결과를 겸허하게 받아들이고 최선을 다해야 후회가 없다는 걸 깨닫도록 이끌어주어야 합니다. 교육자나 양육자는 무엇보다 점수나 등수만 놓고 화를 내거나, 반대로 큰 칭찬을 하지 않도록 주의해야겠지요. 결과를 얻기까지 아이의 불성실한 태도를 나무라거나 열심히 공부한 행동 자체를 칭찬해 주세요. 이런 과정을 통해 실패했더라도 좌절하지 않고, 다음을 내다보며 기대하는 마음을 품으면 아이 스스로 유연하고 능동적인 자세로 부족한 부분에 대한 새로운 해결책을 찾아 도전을 거듭할 수 있습니다.

아이가 처한 문제에 당장 손 내밀어 주고 싶은 것이 부모 마음이지만, 도움 줄 사람이 가장 가까이에 있는 가정에서부터 아이 스스로 다양한 방법을 생각해 볼 기회를 주어야 합니다. 아이에게 문제를 해결하려는 의지가 있는데도 부모가 바로 나서면 시간을 절약할 수는 있겠지만, 아이는 '역시 나 혼자서는 무리야', '내가 하는 것보다 빠르고 편해'라는 생각을 무의식 중에 하게 됩니다. 시간이 좀 더 걸리더라도 아이 스스로 문제를 진단하고 다양한 방안을 모색하면서 직접 부딪쳐 볼 때 자신만의 경험이 생기고, 아이의 강점이 반영된 기발한 아이디어가 나옵니다. 문제 해결 과정을 지켜보면서 아이의 성격 특성과 강점을 발견할 수 있는 기회이니 부모 입장에서도 소중한 시간이지 않을까요? 당장의 좋은 성과를 위해 빠르고 정확하게 문제를 해결하는 데에만 치중한다면 창의성을 기르기 힘듭니다. 정해진 답이 없어 자기만의 길을 개척해야 하는 상황에서 아이가 당황하고 좌절하지 않으려면 많은 경험이 필요하지요. 문제 해결을 위해 고민하고 다양한 방법을 시도하면서 시행착오를 겪다 보면 실패할 때도 있겠지만, 그 경험에서 얻은 자신만의 비결은 앞으로 인생을 살아가면서 큰 자산이 될 것입니다. 아이가 문제를 해결하는 과정에서 어떤 경험을 했고, 무엇을 배웠는지 관심을 보여주면 아이는 실패에 두려움을 느끼기보다는 새롭게 도전하는 힘을 얻겠지요. 부족한 부분이 보이더라도 아이의 노력을 알아봐 주고, 긍정적인 피드백을 아낌없이 주면서 아이 역시 세상에 긍정적인 변화를 불러오는 사람으로 자라길 기대하는 부모가 곁에 있다면 아이에게 그보다 든든한 일은 없을 것입니다.

창의력의 원동력, 독서

우리 학교 도서관에서는 매년 한 번씩 '책울림 독서대회'를 진행합니다. 한 해 동안 읽은 도서 중 자신의 마음을 울린 책을 떠올려 서평을 작성하고, 그 책의 표지를 직접 디자인해 보는 대회입니다. 이 대회의 평가 기준 가운데 하나로 '창의성'이 있는데, 단순히 책의 내용을 그대로 읽고 기억하는 것보다 내용을 어떻게 받아들이고 자신의 방식으로 재구성했는지를 중점적으로 봅니다. 서평뿐만이 아니라 책 표지를 직접 디자인하며 다양한 통로로 아이들이 창의력을 발휘할 수 있도록 활동을 기획했습니다. '내가 표지를 디자인한다면 무엇을 중요하게 볼까?', '어떻게 원래 표지와 다르게 만들 수 있을까?' 생각해 보고 예술로 표현하는 기회를 주는 것이지요. 똑같은 책을 읽어도 아이들마다 느끼는 바가 다릅니다. 그것을 어떻게 표현해 내는가가 곧 창의력이고, 수많은 출품작 중에 자신의 것을 차별화하는 길입니다. 도서 《사피엔스》로 유명한 역사학자 유발 하라리Yuval Harari는 패턴을 파악하여 분해하고 재조립하는 것이 창의력이라고 말했는데요, 이 '패턴'을 깨우치고 파악하기 위해 아무리 강조해도 모자랄 능력이 바로 문해력입니다. 그렇다면 이쯤에서 자연히 독서 이야기를 꺼낼 수밖에 없지요. 한국영재교육학회에서 발표한 한 논문에서는 "독서는 스스로가 자발적으로 의미를 이해하고 구성하는 과정이다. 다시 말해서 글을 읽는 단순한 과정을 넘어 문자 안의 내용을 통해 추측하고, 상상하고, 내용의 이미지를 그려가면서 글을 읽는 이로 하여금 스스로가 가진 스키마를 활용하고, 지식의 범위를 넓히게 되며, 인지구조를 변화시키는 복잡한 과정이다."[13]라고 말합니다. 이런 이유로 "창의성을 신장시키기 위해, 문제해결 과정이라고 볼 수 있는 독서를 풍부하게 하는 것은 매우 유용"[14]하다고 강조합니다.

2023년 독서대회에서는 최우수작 세 편이 뽑혔는데, 모두 창의성 부분에서 두각을 보였습니다. 선정된 작품 하나를 아래에 짧게 소개합니다. 알베르 카뮈의 소설 《이방인》으로 서평을 쓴 중학교 1학년 재훈이의 작품*입니다.

> (…) 《이방인》은 주인공인 뫼르소가 모든 사건, 생명, 사물을 평등한 가치로 바라본다. 어머니의 죽음, 해수욕, 아랍인을 쏴 죽일 때도 말이다.
> 뫼르소의 행동들은 의미가 있는 행동들은 아니다. 뫼르소 본인이 이유를 가지지 않았기 때문이다. 그러면 뫼르소는 태양과의 싸움에서 졌기 때문에 아랍인을 죽인 것인가? 하지만 그렇게 된다면 아랍인을 죽인 것은 뫼르소가 아닌 뫼르소의 무의식이다. 이렇게 모호하고 알 수 없는 표현들에서 나는 제목의 의미를 유추할 수 있다. 우리는 모두 서로에게 이방인이다. 하지만 어릴 때부터 사람들에게 양보해야 한다, 어른에게는 존댓말을 써야 한다고 배웠

---

* 제목 표기 방식 외에, 학생의 작품을 편집하지 않고 그대로 실었습니다.

을 뿐이다. 이방인은 부조리한 세상이라도, 의미를 찾지 못하더라도 열심히 살아가라고 말하는 것만 같다.

태양은 뫼르소의 직장 동료 마리에게는 따사로운 햇살을 주는 존재다. 하지만 뫼르소에게는 방아쇠를 당긴 원인이 되었다. 개인에 따라 태양의 의미가 달라지는 것은 《이방인》에서의 부조리를 부각시킨다.

《이방인》은 허무주의를 반대했던 카뮈의 사상을 가장 뚜렷하게 엿볼 수 있는 작품이다. 사람들은 자기 자신은 의미가 있지만 다른 사람들에게는 의미를 갖지 못한다. 모두가 서로에게 의미를 주지 못하는 점 같은 존재이기 때문이다. 그래서 뫼르소는 자신의 처형일에 모두가 자신을 증오하기를 원한다. 나는 뫼르소의 소망을 읽으며 나를 조용히 성찰하게 되었다.

재훈이는 단순히 《이방인》의 내용을 옮긴 것뿐만이 아니라 자기 나름대로 작가의 의도와 생각을 분석하고, 자신의 감상을 덧붙여 심도 있는 서평을 써냈습니다. 작중 등장하는 장치인 태양이 등장인물들에게 어떤 의미였는지 짚고, 그것을 작품의 중심 의미와 연결해 내기도 했지요. 앞서 언급한 창의성의 요소 중 융통성, 정교성, 독창성을 두루 갖춘 수준 높은 출품작이었습니다.

아이들이 다른 방식으로 사물을 볼 수 있도록 자극하려면 보이는 그대로를 보게 만드는 영상물 시청을 멀리하고, 책을 가까이해야 합니다. 독서로 펼칠 수 있는 상상력은 무한대이지 않을까요? 다양한 분야의 책을 두루 읽는 노력이 문해력을 키워주고, 문해력은 더 나아가 창의성의 훌륭한 원동력이 되어줄 것입니다. 창의적인 사람 곁에는 언제나 책이 함께한다는 걸 기억해 주세요.

문해력의 정의 및 함양 방법

_문서림

문해력을 습관으로

문해력(文解力)이란 글을 읽고 쓸 수 있는 능력을 의미합니다. 영단어 'literacy'의 번역으로, 문자를 해석하는 것을 넘어서 읽고 쓰는 능력, 말하고 듣는 능력, 보고 새로운 것을 만들어내는 능력으로까지 의미가 확장되어 쓰일 수 있습니다.[15] 유네스코UNESCO에서는 문해력을 다양한 맥락과 관련된 인쇄 및 서면 자료를 식별, 이해, 해석, 생성, 소통, 계산에 활용할 수 있는 능력이라고 정의합니다.[16]

문해력은 또한, 글을 쓸 수 있는 능력을 의미하는 '최소 문해력'과 글을 이해할 수 있는 '기능적 문해력'으로 구분할 수 있는데, 우리나라 학생들의 최소 문해력 수준은 매우 높은 반면 사실과 의견을 구분하는 등 글의 질적인 문맥을 파악하는 기능적 문해력은 상대적으로 떨어지는 것이 보고되었습니다. 2023년도 《한겨레21》에서 발표한 기사에 따르면, 국제학업성취도평가인 PISA에서 한국 학생들은 "복합적 성격을 가진 텍스트에 대한 독해에 어려움을 겪는 것으로 나타나"[17]는 특성을 보였습니다. 문장과 단락으로만 구성된 형태가 아니라 그래프, 일정표 등 다양한 혼합 형태의 텍스트를 읽는 것을 어려워하는 모습을 보였다고 합니다. 교과서 속 중립적 텍스트를 읽는 훈련은 잘 되어 있지만, 현실 미디어 속 정보가 가지고 있는 주관성과 편향성을 인지하고 정확한 판단을 내릴 수 있는 능력은 부족하다는 것입니다.

문해력은 정보화 시대인 현재에 더욱이 중요성이 강조되는 가치입니다. 각종 미디어가 발달하면서 흔히 '미디어 리터러시media literacy'라 불리는 '매체 이해력'까지도 문해력의 범주로 중요하게 다루는 세상이 되었지요. 우리나라 교육부에서는 문해력이 필요한 이유를 다음과 같이 설명합니다.[18]

• 미래 사회 속 방대한 정보를 해석할 필요성이 있기 때문입니다. 범람하는 정보 속 제대로 된 정보와 가짜정보를 가려내기 위해서는 문해력이 필요합니다. 정보가 많아질수록 그 정보를 제대로 활용할 수 있는 능력 또한 뒷받침되어야 합니다.

• 문해력은 학습능력을 좌우하는 기초 역량이기 때문입니다. 국어뿐만이 아닌 모든 과목에서 문해력은 필수입니다. 문제를 이해하고, 새로운 정보를 받아들이고 사고를 확장하기 위해서 꼭 필요한 능력입니다.

독자를 위해 무료로 초등학생의 문해력을 측정할 수 있는 누리집을 소개합니다. 교육부와 한국교육과정평가원에서 제작한 '한글 또박또박'과 한국초등국어교육연구소와 미래엔이 함께 만든 '웰리미 한글 진단 검사'를 활용해 보세요. 두 누리집 모두 초등학교 저학년 학생을 대상으로 제작한 온라인 검사를 제공합니다.

문해력을 키우는 방법으로는 긴 호흡의 독서 및 모르는 어휘 찾아보기,
생활 글쓰기, 독서토론 등이 있습니다. 재미난 볼거리가 넘치는 세상에서
책 한 권을 끝까지 읽는 건 이제 말처럼 쉬운 일이 아닙니다. 하지만 그럴
수록 독서를 하며 앞뒤 문맥을 파악하고 연결하는 연습을 해두어야 하지
요. 당장은 효과가 눈에 보이지 않겠지만 어느 순간 긴 글을 마주해도 우
왕좌왕하지 않고 핵심 내용이 머릿속에 들어온다는 걸 느낄 수 있을 것입
니다. 더불어 글을 읽는 동안 모르는 어휘를 유추해 보면서 핵심 어휘들
은 바로바로 찾아보는 습관을 들이면 더욱 다양한 용어들을 자연스럽게
운용할 수 있게 되며, 이해할 수 있는 언어의 범주도 넓어집니다.

간단한 글이라도 직접 써보는 경험 또한 큰 도움이 됩니다. 글쓰기는 대
단히 생산성 있는 활동입니다. 글감이 선뜻 떠오르지 않는다면 필사부터
시작하거나 일기 쓰기 활동을 추천합니다. 목적이 뚜렷한 편지 쓰기를 해
도 좋고요. 적절한 선에서 SNS를 운영하며 일상 글쓰기를 꾸준히 하면
건강하게 취미활동을 하면서 문해력도 높이는 일석이조의 결과를 얻을
수 있습니다.

마지막으로 둘 이상의 인원이 필요하지만 말하기와 글쓰기 실력까지 두
루 향상시킬 수 있는 방법인 독서토론을 추천합니다. 책을 읽고 이해한

내용을 타인과 나누며 생각을 정리하고 검증하면서 세상을 보는 시야가 점차 넓어집니다. 또한 읽어낸 글에 대한 깊이 있는 이해를 얻는 과정에서 문해력과 논리력이 향상됩니다. 혼자서 책 읽기를 힘들어하는 아이들은 함께 읽는 활동으로 독서 의지를 끌어올릴 수도 있지요. 도서관이나 온라인 동네 커뮤니티, 학교 안 동아리 등에서 독서토론 모임을 찾아 참여해 보면 어떨까요?

CHAPTER 4

미래를 설계하는 아이

　서울시립대에서는 2020학년도부터 '학생 미래 설계 학기'를 구성하여, 학생 스스로 연구과제를 설정하고 직접 교과목을 설계할 수 있는 과정을 만들어 운영하고 있습니다. 중앙대학교, 이화여자대학교 등 여러 대학이 미래 설계의 중요성을 절감하고 관련 장학금을 운영하고 있으며, 서울대학교, 한국외국어대학교, 고려대학교, 서강대학교 등에서는 학생 설계 전공을 통해 자신이 배우고 익혀나가고자 하는 교과를 직접 조합해 이수하도록 하고 있지요. 이렇게 대학에서 학생에게 직접 미래 설계를 맡기고, 장학금을 운영하며 독려하는 이유가 무엇일까요? 수명이 연장되고 생애 설계의 중요성이 더욱 부각되는 현대에, 스스로 좋아하고 잘할 수 있는 일을 찾아내는 역량이 점점 더 필요해지기 때문입니다. 미래 설계를 통해 시간 관리를 효율적으로 할 수 있으며, 생애 과정에 필요한 발달 과업을 적절히 수행할 수 있습니다. 미래 설계를 잘할 수 있는 아이는 변화하는 환경에 빠르게 대응하고, 자신의 목표를 직접 정해 성취를 이룹니다. 자아실현에 한 걸음 더 가까워지는 셈이지요.

초등과 중등의 자기 주도적인 미래 설계

학교에서 공식적으로 하는 미래 설계로 선거공약을 들 수 있습니다. 학생들은 각자 내가 회장이 된다면 반을 위해서 무엇을 할지, 어떤 것을 중점적으로 보고 어떻게 도와가며 모두를 이끌어나갈지 미래를 그립니다. 그렇기에 초등학생을 지도하는 저는 '모든 학생이' 자신의 회장 공약문을 작성하도록 합니다. 그렇게 해서 이번 기회가 아니더라도 언제든 선거에 나갈 기회를 열어놓고, 내가 회장이 된다면 우리 반의 미래를 어떻게 꾸려갈지 생각해 봅니다. 자신이 주도적으로 무언가를 해야 하는 상황이 되면, 자연히 미래를 그리게 되지요. 다음에

뭘 하지? 어떻게 하지? 스스로 생각해야 내가 주인이 되어 과제를 수행할 수 있으니까요.

따라서 가정에서 초등 아이의 미래를 설계하는 교육을 할 때에는 주도성에 초점을 맞추면 좋습니다. 자신의 미래를 자주 상상해 보도록 하면서 아이가 어떤 생각을 하고 있는지 이야기 나누고, 특히 초등 저학년의 경우에는 너무 먼 미래보다 하루하루의 미래를 매일 계획하고 스스로 실천하도록 도와주어야 합니다. 너무 복잡하게 접근하지 않아도 좋습니다. 하루를 마무리하기 전에, 빈 종이에 내일 아침부터 일어날 일들을 순서대로 간단하게 적어봅니다. 고정된 시간에 하는 일들이 있을 겁니다. 아침을 먹거나, 학교에 가거나, 학원에 가거나, 집에 도착하는 일처럼 시간이 고정된 일들을 먼저 표시하고 아이가 해야 할 구체적인 일이 있다면 그 옆에 같이 적게 합니다. 그런 다음 고정된 시간 사이사이에 아이가 어떤 일을 해야 하거나 하고 싶은지 계획하는 방식이지요. 이렇게 짠 계획표대로 하루 동안 해야 할 일을 일찍 다 끝냈다면 남은 시간에는 충분한 자유를 주고, 계획한 일을 다 하지 못했다면 최대한 마무리하고 남은 일은 다음 날 끝내도록 격려하며 매일 이 과정을 반복합니다.

그날 해야 할 일을 끝내지 못하면 다음 날로 일이 미뤄지기에, 아이는 점점 자유시간이 줄어든다고 느낄 겁니다. 일주일이 지난 후 돌아보면, 할 일을 계획하고 생활하는 것과 계획 없이 생활하는 것의 차이, 혹은 계획대로 실천하지 못했을 때의 결과가 눈에 보이지요. 이런 식으로 하루부터 시작해 점차 단위를 늘려가며 조금 더 먼 미래를 보도록 해주면 손에 잡히지 않는 미래가 조금은 덜 어렵게 다가올 것입니다.

초등학생은 물론이고 중학생도 구체적인 미래를 설계하기엔 약간 어린 것처럼 느껴지기도 합니다. 그러나 《한국교육신문》의 기사, 〈청소년의 뇌는 다르다?〉에 따르면 청소년기는 "효율성 측면에서의 뇌 발달에 가장 급진적인 변화가 이루어지는 시기"[19]이기도 합니다. "자기관찰과 자기조절능력이 향상되며, 미래의 목표에 대해 현실적인 생각이 가능해지는"[20] 이 시기에, 미래를 설계할 수 있는 능력은 선택이 아닌 필수입니다. 꼭 구체적인 꿈이 아니어도 좋습니다. 마샤James E. Marcia 의 '자아정체감 지위이론'에 따르면 끊임없이 자기 적성과 진로를 고민하며 여러 분야를 '탐색'하는 과정을 거치는 것이 건강한 정체감 형성에 도움을 줍니다. 즉, 아이들이 성장해 가면서 특정 직업을 갖기 위해 열심히 노력하는 '헌신'을 하기 전에 다양한 가능성을 두고 열린 마음으로 여러 경험을 해보는 심리적 유예기간이 중요하다는 이야기입니다. 자신의 꿈을 깊이 고민하지 않고 특정한 목표 의식 없이 학업에만 열중하는 아이들이 더러 있습니다. 물론 학생으로서 꼭 알아야 할 교양적 기초지식을 쌓는다는 점에서 학업 몰두는 중요한 의미를 갖지만, 자신이 배우는 과목이 왜 가치가 있는지를 알고 배우는 경우와 아닌 경우에 지식의 내면화 정도는 천차만별입니다. 자신의 미래 계획에 보탬이 되는 공부를 하고 있다고 느낀다면 반짝이는 눈빛으로 하나라도 더 알고 싶어 하지요.

더 먼 미래를 계획하는 아이들

아이들의 입장에서 미래 설계는 멀리 보면 진로 탐색과 어떤 삶을 살고 싶은지에 대한 상상과 계획, 가까이 보면 당장 앞에 닥친 시험 준비 정도일 텐데요, 이따금 먼 미래를 놀랄 만큼 구체적으로 설계하는 아이들이 있습니다. 이제는 졸업한 정원이가 꼭 그랬습니다. 정원이는 사업을 하고 싶다는 꿈이 있었습니다. 본래는 운동을 했는데, 사정이 있어 그만둔 뒤에는 야무지게도 사업의 꿈을 새로이 꾸기 시작했습니다. 아직 중학생이었지만 정원이의 눈빛은 여느 어른과 다름없이 무척 진지

했습니다. 도서관 소파에 앉아 정원이는 자신의 계획을 쭉 털어놓았습니다.

"선생님, 저는 아주 커다란 음식점을 차릴 거예요. 그러려면 함께 일할 팀원들이 많이 필요할 거고, 그래서 지금 같은 생각을 하는 친구들을 모으고 있어요."

음식점을 운영하는 데 필요한 자본, 거기에 필요한 인력, 소요될 시간까지 하나하나 고민하고 혼자서 메모하며, 정원이는 교내외에서 미래의 동업자를 영입해 분야별로 총 십여 명의 아이를 모았습니다. 자신이 리더 역할을 맡은 만큼 행동력도 발군이어서 자주 가던 식당에 방문해 주인에게 요리 비법을 물어보기도 하고, 장소를 대여받아 팀원들과 주기적으로 모임을 하기도 했습니다. 훗날 잘나가는 음식점 주인이 될 정원이의 미래가 무척 기대되었지요.

수희도 먼 미래까지 계획하고 준비하는 아이였습니다. 학기 초 일대일 개별상담을 진행하면서 수희에게 평소에 여가 시간을 어떻게 보내는지 물었습니다.

"저 피아노 연습해요. 일요일 아침마다 교회에서 반주도 하고 그래요."

"오, 그렇구나. 피아노 연주하는 것 좋아해?"

"네, 피아노도 그렇고 음악에 관심이 좀 많아요. 커서 작곡가가 되고 싶어요. 그래서 고등학교도 알아보다가 ○○국악고등학교에 관심 생겨서 거기 가려고 시간 날 때마다 악기 연습하고 또 작곡 연습도 하고 있어요."

10대 초반 아이들에게 설령 꿈이 있다 하더라도 자신이 원하는 꿈이 아니라 부모님의 바람이 많이 담긴 꿈인 경우가 많은데, 수희는 달랐습니다. 물론 수희의 부모님이 아이의 꿈을 응원해 준다는 점이 시너지로 작용한 결과였겠지만, 수희는 일찌감치 스스로 미래의 방향을 정하고 평소에도 꾸준히 노력해 오고 있었습니다. 집에서 약간은 거리가 있지만 현재 살고 있는 지역에서 많이 멀지 않고, 기숙사가 있는 음악 특성화고등학교를 특정해, 그 학교에 진학하겠다는 꿈을 실현하기 위해 하루하루를 알차게 보내는 모습이 대단하게 느껴졌지요. 수희의 진학 결과가 궁금하지 않나요? 네, 수희는 지금 원하던 학교에 재학 중입니다. 수희가 어떤 노력을 해왔는지 알기에 그 학교에 원서를 넣었다는 소식을 들었을 때부터 합격할 거라는 확신은 있었지만, 실제로 소식을 듣고는 굉장히 기쁘고 자랑스러웠습니다. '스스로 미래를 설계하는 아이는 정말 그 미래를 실현해 내고 마는구나'를 다시금 느낀 순간이었지요.

또한 멀리까지 미래를 설계하는 아이에게서 가장 돋보이는 자질은 역시나 자기 주도성이라는 걸 느낀 기회이기도 했습니다. 결국 아이들의 미래이고 아이들이 할 일입니다. 어른들은 다만 아이에게 자율성과 책임감을 깨닫게 해주어, 아이가 자신의 미래 계획에 주도적인 태도를 기를 수 있도록 도와줄 뿐입니다.

경험이 계획으로

자기 주도성 다음으로 아이들의 미래 설계에 영향을 미치는 것은 풍부한 경험입니다. 아이들이 다양한 직업에 눈뜰 수 있도록 특정 과목과 관련한 직업 탐색이나 기타 활동을 함께 해 주세요. 값비싼 체험이나 예술활동을 해야 한다는 말이 아닙니다. 등산이나 조깅 같은 신체활동, 지역축제나 봉사활동에 함께 참여하면서 아이의 평소 모습을 관찰하면 어떤 활동에 관심이 있고 어떤 성향을 보이는지 파악할 수 있습니다. 학교에서 아이를 지켜보는 담임교사에게 아이의 성향을 상담해도 좋습니다. 영화나 책을 보면서 다양한 직업 세계를 간접 탐험할 수도 있고요. 아이들 주변에 있는 사람과 사물, 기회가 모두 직업 탐색의 장입니다.

좀 더 구체적으로, 여러 직업과 학과 정보를 제공하는 '커리

어넷' 누리집에서 다양한 미래 직업의 종류와 전망, 관련 학과 등의 정보를 수집해 보아도 좋습니다. 또한, 진로 적성 검사를 통해 아이들의 특성을 알아보고 성격과 적성에 맞는 여러 직업을 스스로 탐색해 보도록 도와주세요. 다시 한번 강조하지만 경험을 쌓는 일도 무엇보다 '스스로'가 중요합니다. 자신의 미래를 책임질 사람은 자기 자신뿐이니까요. 다만 자신감이나 의욕이 다소 부족한 아이라면 어른이 곁에서 행동하게끔 이끌어주어야 할 수도 있습니다. 일종의 멘토가 되어주는 겁니다.

이때 학부모 진로소식지 《드림레터》 등의 무료 정보를 적극 활용해 보세요. 《드림레터》는 교육청 누리집에서 무료로 배포하는 소식지로, 다양한 진로를 소개하며 아이와 함께할 수 있는 활동도 안내합니다.

사서교사로서 추천하는 방법은 '진로 독서'입니다. 학교에 다니면서 미래를 설계하기 위한 모든 경험을 직접 다 해보기

그림 2. 교육부에서 발간하는 학부모 진로소식지 《드림레터》. 2018-8호[21]는 미래 설계를 주제로 다루었다.

에는 현실적으로 어려움이 있습니다. 이럴 때 도움이 되는 것이 바로 독서입니다. 《오늘 읽은 책이 바로 네 미래다》에서 저자는 총 다섯 단계로 이루어지는 진로 독서를 소개합니다. 개괄적이고 단순한 의미 찾기에서부터 시작하여, 목표를 세우고, 롤모델을 정하며, 지식을 쌓는 과정을 거쳐 적성을 알아내는 단계입니다.[22] 물론 단 한 번의 적성 탐색이나 짧은 기간의 독서로 끝나서는 의미가 없습니다. 아이들의 꿈은 끊임없이 변합니다. 더욱이 격변하는 사회에서 직업의 전망 또한 계속 변하는 게 당연하지요. 계속적인 정보 탐색과 장기간의 진로 독서로 여러 가능성을 열린 마음으로 받아들이도록 해주세요. 미래는 단순히 성인이 되어 어떤 직업에 종사하느냐에서 끝나는 문제가 아니니까요. 직업이 생기고 나서도 직장 내에서의 방향성, 퇴직 후의 삶 등 생애에 걸쳐 앞으로의 일을 고민해야 합니다.

마하트마 간디는 "미래는 현재 우리가 무엇을 하는가에 달려 있다"라는 명언을 남겼습니다. 진로를 탐색하고 앞으로의 인생 경로를 고민하는 우리 아이들에게, 그리고 아이들의 곁에서 미래를 함께 생각하는 부모님에게 특히 와닿는 명언일 것입니다. 쉼 없이 빠르게 변화하는 세상입니다. 자신이 무엇을 성취할 수 있는지 알고, 목표를 세워 이행할 추진력이 있는 사람은 어떤 변화에도 흔들리지 않습니다. 아이들의 뇌가 여전히 무궁무진한 성장의 가능성을 품은 바로 지금, 미래를 향한 모든 문을 활짝 열어두고 하나씩 징검다리를 놓아보면 어떨까요? 우리 아이 앞에 펼쳐질 선택지들이 더욱 많아질 것입니다. 징검다리가 만드는 길이 여러 갈래로 뻗어나가거나 하나로 모이거나 하면서 말이지요.

경험을 쌓는 일도

무엇보다

'스스로'가 중요합니다.

궁금해요! 진로 설정과 대학 입시

_박경영

진로 설정이 대학 입시에 미치는 영향, 얼마나 큰가요?
다양한 대학 입학 전형 중에서도 진로 설정과 밀접하게 관련된 학생부종합전형을 중심으로 학생과 학부모가 주로 궁금해하는 질문을 뽑아보았습니다.

Q. 고등학교 재학 중 진로 희망이 바뀌면 학생부종합전형에 지원하기 불리해지나요?
A. 학교생활기록부에 기재되는 진로 희망 분야는 대입에 반영되지 않습니다. 다만 진로 활동, 과목별 세부능력 및 특기사항 등의 항목에 직접적, 간접적으로 드러나기도 합니다. 진로 희망이 바뀌었더라도 학교생활기록부에 학생의 진로 탐색 과정이 구체적으로 드러난다면 학생부종합전형에 충분히 도전해 볼 수 있습니다. 고등학교에 입학하면서부터 대학교에서 전공하고 싶은 학문, 미래에 일하고 싶은 분야를 확정하기는 쉽지 않습니다. 고등학생 시기에 진로 희망과 관심 분야가 바뀌는 것은 자연스러운 일이므로 바뀐 진로 희망이나 관심 분야에 따라 이후 참여하는 활

동의 성격도 달라질 것입니다. 학생 스스로 원해서 선택한 것이라면 이후 활동을 통해 바뀐 진로 희망과 관심 분야에서도 충분히 열정을 드러낼 수 있습니다. 다만 진로 희망을 바꾼 이유가 '의예과에 진학하고 싶은데 최상위권 성적이 아니라서, 부모님이 원하셔서, 많은 사람이 선호하는 직업이라서' 등이라면 학교생활기록부에 기재된 활동에서 학생의 주도적인 자세를 확인하기 어려워질 수도 있습니다. 진로 희망이 바뀌었더라도 학생 스스로 확신하고 나아간 과정이 학교생활기록부에 드러난다면 긍정적인 평가를 받을 수 있을 것입니다.

Q. 희망하는 대학과 학과에 학생부종합전형으로 합격하기가 어려워 보인다면 정시 준비에 집중하는 게 좋을까요?
A. 수시 모집과 정시 모집 대비를 별개로 여기기보다는 함께 준비하는 것을 추천합니다. 둘 중에 어느 하나가 약하다고 해서 한 가지를 포기하면 위험 부담도 커지기 때문입니다. 고등학교에 입학해 내신을 열심히 관리하던 학생 중 빠르면 고등학교 1학년 말부터 수시 대비를 포기하고 정시에 집중하겠다는 학생도 있습니다. 물론 최상위권 대학 또는 의예과, 치의예과, 한의학과, 약학과, 수의학과 등 선호도가 높은 전공에 학생부종합전형으로 합격하기는 매우 어려운 일입니다. 매년 전국에서 가장 우수한 학생들이 지원하므로 해당 대학, 전공에 안전하게 합격한다는 보장이 없습니다. 이에 학생부종합전형에 대비하더라도 특정 진로에 국한하여 활동하기보다는 폭넓게 살펴보며 다양한 길을 탐색해 볼 것을 추천합니다. 가능성을 열어두고 다양한 활동에 참여하는 경험이 대학 입시를 준비하는 데 도움이 될 것입니다. 예를 들어 수의학과 진학을 희망하는 고등학교 1학년 학생이라면 생명과학과 관련된 활동만 참여하기보다는 학교

에서 진행하는 다른 관심 분야 프로그램에도 참여하면서 폭넓은 경험을 쌓으면 좋겠습니다. 고등학교 1학년 때부터 수의학과 관련된 활동만 하다 보면 3학년이 되어 실제로 대학에 지원할 때 선택지가 제한될 수 있습니다. 진로 희망과 직접적인 관련이 없더라도 관심이 가는 활동에 참여하면서 수시와 정시 모두에 선택의 폭을 넓히는 계기를 만들어 둡니다.

Q. 구체적인 진로 희망을 정하지 않으면 학생부종합전형에 지원할 때 불리하게 작용하나요?

A. 선호도, 인지도, 입학 성적이 높은 대학일수록 학생부종합전형에서 가장 중요한 평가 요소는 '학업 역량'이라고 할 수 있습니다. 대학에서 선발하고 싶은 인재는 대학에 진학하여 학업을 충실히 수행할 학생이기 때문입니다. 이에 진로 희망이 명확하지 않더라도 우수한 학업 역량을 갖춘 학생은 좋은 평가를 받을 수 있습니다. 다만 학교생활기록부를 통해 선택 과목 이수 현황, 과목별 세부능력 및 특기사항, 진로 활동 등의 영역에서 학생의 관심 분야와 대학에 지원한 분야가 전혀 다르다면 평가자는 의문을 제기할 수 있습니다. 고등학교에 입학한 이후로 조금씩 범위를 좁혀나가면서 진로 희망을 구체화해야 학생이 스스로 진학 방향을 설정하기가 수월해집니다.

좋아하는 일과 잘하는 일이 무엇인지 스스로 알고 있다면 진로 희망을 정하기가 쉬울 수도 있겠지만, 그런 일을 찾기 위한 시간이 필요한 학생도 있습니다. 진로 희망을 정하지 않은 학생은 고등학교 2학년 때 어떤 과목을 수강할 것인지 1학년 때 미리 선택해야 하는 상황에서 더 고민하는 모습을 보이기도 합니다. 이때 대다수의 선택을 따르는 방법이 안전하게 느껴질 수도 있지만, 수강 학생이 적을 것으로 예상되더라도 학생 스스로 흥미를 느끼는 과목을 선택하는 것이 학생부종합전형에 지원할 때 도움이 될 수 있습니다. 좋은 등급을 얻을 확률이 더 낮아진다고 하더라도 관심 분야의 과목을 선택했을 때 수업에 임하는 자세, 활동에 임하는 태도에서 좋은 평가를 받을 가능성이 커지기 때문입니다. 좋아하고 재미있는 과목을 선택하는 것만으로도 진로 희망을 구체화하는 데 도움이 될 수 있습니다. 내용이 어렵거나 양이 많은 과목이더라도 '해볼 만하다, 해보고 싶다'라는 생각이 든다면 용기 내어 도전할 것을 추천합니다. 저학년일수록 학교에서 진행하는 프로그램 안내문을 보고 '꼭 해보고 싶다'까지는 아니더라도 '한번 해볼까?' 하는 마음이 든다면 경험해 보기를 바랍니다. 한 번의 경험으로 시야를 넓히고, 진로 희망을 구체화하는 기회를 얻을 수도 있습니다.

정시 모집에 지원할 때는 구체적인 진로 희망이 있더라도 원하는 전공만을 고집하기 어려운 상황이 생기기도 합니다. 정시 모집에서는 대학 대부분이 수능 성적을 정량적으로 반영하므로, 원하는 대학에 진학하기 위해 원하지 않는 학과에 지원하기도 합니다. 확고한 진로 희망이 있는 학생은 원하는 학과에 진학하지 못했더라도 다른 길로 돌아갈 수 있습니다. 그러나 구체적인 진로 희망 없이 점수에 맞춰 지원한 학생은 대학교에 진학한 이후에도 더 많은 시행착오를 겪거나, 자기 선택을 후회할지도 모릅니다. 고등학교 생활에서 진로 탐색 과정에 적극적으로 임하고, 스스로 원하는 것이 무엇인지 진지하게 고민하며 구체적인 미래를 그려나가기를 바랍니다.

2부: 인용 및 참고문헌

1   정희예 (2023) 소크라테식 질문법의 교육적 의의, 서울교육대학교 교육전문대학원 국내
    석사학위논문.

2   이정연 (2018) 하브루타(Havruta)를 활용한 토론 수업의 효과 연구, 언어과학연구, 86,
    pp.279-301.

3   상동.

4   김정식 & 서문교 (2008) 리더의 코칭행위가 조직구성원들의 인지적 유연성과 성과에 미
    치는 영향, 인적자원관리연구, 15(3), pp.31-48.

5   YTN 사이언스, 〈사춘기 시기 뇌 기능의 특징〉, (2016) https://science.ytn.co.kr/program/
    view_hotclip.php?mcd=0036&key=201608051649356434

6   Simon, H. A. (1955) A behavioral model of rational choice, Quarterly Journal
    of Economics, 59, pp.99–118. (관련 기사: 〈[한 길 사람 속은?] 살면서 직면하는 감정
    과 의사결정〉, YTN, https://m.science.ytn.co.kr/program/view.php?mcd=0082&k
    ey=202210041700445694)

7   게리 D. 맥케이, 돈 딩크마이어, 《아들러의 감정수업》, 김유광 역, 서울: 시목, 2017.

8   조서경(조미혜), 《나는 왜 내 마음을 모를까?》, 파주: 자음과모음, 2016.

9   Simon, H. A. (1955) A behavioral model of rational choice, Quarterly Journal of
    Economics, 59, pp.99–118.

10 Peter Salovey, J.D Mayer (1990) Emotional intelligence Imagination, Cognition
    and Personality, 9(3), pp.185-211.

11 Guilford, J. P., Traits of creativity, In H. H. Anderson (Ed.), *Creativity and its*

cultivation, pp.142-161, New York: Harper & Row, 1959.

12 김경화 & 박은덕 (2012) 창의성 향상을 위한 통합적 접근 방식의 디자인 교수·학습 지도안 개발 및 효과 분석, 교사교육연구, 51(2), pp.169-184.

13 이세은 & 김정희 (2012) 창의성 기법을 활용한 독서 프로그램이 초등학생의 언어 창의성에 미치는 영향, 영재와 영재교육, 11(3), pp.5-22.

14 상동.

15 김상욱 (2011) 〈문해력, 국어능력, 문학능력〉,《한국초등국어교육》제46권, 한국초등국어교육학회, pp.41-69.

16 UNESCO, 〈Defining literacy〉, (2018) http://gaml.uis.unesco.org/wp-content/uploads/sites/2/2018/12/4.6.1_07_4.6-defining-literacy.pdf

17 손고운, 〈우리나라 학생들 문해력도 양극화?〉,《한겨레21》, (2023) https://h21.hani.co.kr/arti/society/society_general/53565.html?_ga=2.5041648.2126555181.1680246527-1411960240.1675850177

18 교육부 공식 블로그 TISTORY, 〈문해력의 씨앗을 키워라! 문해력 높이는 법!〉, (2022) https://if-blog.tistory.com/13368

19 〈청소년의 뇌는 다르다?〉,《한국교육신문》, (2016).

20 상동.

21 〈미래 설계하기〉,《드림레터》8호, 국가평생교육진흥원, (2018) https://school.jbedu.kr/_cmm/fileDownload/no1/M01050901/f9d055bce176060798ed507952ced80e

22 임성미,《오늘 읽은 책이 바로 네 미래다》, 서울: 북하우스, 2010.

교양이 만드는
부드러운
교실 분위기

CHAPTER 1

유연하게 소통하는 아이

갑작스럽게 예상치 못한 일이 생기면 어떻게 하나요? 저는 자연스럽게 인터넷에 손이 갑니다. 온라인에 존재하는 타인에게 해결책을 묻는 것입니다. 한번은 볼펜이 옷에 묻어 지워지지 않아, 온라인 플랫폼에 질문을 올려 볼펜 자국을 깔끔히 지우는 데에 성공하기도 했습니다. 우리는 이렇게 사람들과 정보를 공유하고 소통하며 크고 작은 문제들을 해결해 나갑니다. 소통이 원활할수록 사소한 지식이든 심리적 지지나 조언이든 타인과 더 많은 도움을 주고받고, 나눌 수 있지요.

학교도 하나의 사회인 만큼 교실에서 종종 갈등이 생깁니다. 특히 감정을 표현하는 데 서툰 초등 저학년 아이들은 사소한 일이 갈등으로 번질 수 있으므로 이를 대비해 올바른 언어와 말투, 표정, 행동을 꾸준히 교육해야 하지요. 초등 교사인 저는 미리 만들어둔 갈등 해결 프로토콜을 반복해 지도하면서 궁극적으로는 학생 스스로 프로토콜을 실천해 갈등을 해결하는 것을 목표로 삼고 있습니다. 과정은 간단합니다.

1) 갈등 상황에서 모든 행동을 멈추고 말하기 전에 잠시 생각합니다.

2) 있었던 일을 각자 간단하게 말합니다. 갈등이 있는 당사자끼리 같은 상황에 대해 서로 생각하는 내용이 다르므로 사실관계에 크게 주목할 필요는 없습니다.

3) 각자 속상했던 부분을 '한 명씩' 이야기하도록 합니다.

4) 원하는 해결책을 각자 이야기합니다. 실현 가능 여부는 아이들도 스스로 알고 있으므로, 실현 불가능한 해결책을 낸다면 원하는 바를 적확하게 다시 이야기하게 합니다.

5) 원하는 바가 이루어지고 난 후 감정을 서로 나누며 마무리합니다.

추가로 모든 단계에서, 다른 사람이 이야기하는 동안 말을 끊거나 반박하지 않도록 합니다. 이 과정을 교실에 적어두고, 갈등이 생기면 먼저 친구들끼리 단계별로 실천하게 하지요.

문제가 생기면 아이들은 교사에게 와서 있었던 일을 저마다의 해석대로 이야기하곤 하는데, 사소한 갈등 하나하나 말하는 과정에서 친구의 말을 가로막거나, 사실관계가 다르다고 반박하는 일이 많았습니다. 당연히 소통이 제대로 되지 않았고, 소통 과정에 오랜 시간이 소모되었지요. 올바른 소통 방식을 지도하기 위해 학생들에게 갈등 해결 프로토콜을 가르쳐온 지 한 달쯤 됐을 무렵이었습니다. 어느 날, 규정이와 유영이가 다가와 말했습니다. 규정이는 갈등 상황에 자주 이름이 오르내리는 학생이었지요.

"선생님 규정이가 오늘 저한테 속상한 말을 했어요. 근데 저도 잘못했어요."

또 규정이가 온 걸 보니 다른 갈등 해결 방식으로 접근해야 하나 고민이 들려던 찰나 규정이가 입을 열었습니다.

"그런데 유영이랑 잘 해결했어요. 선생님이 써놓으신 순서대로 했어요."

규정이가 그동안 여러 차례 친구들과 갈등을 겪고 해소하는 과정에서 소통 방식을 계속 다듬어왔음을 알고 내심 놀랐지요.

"근데 방금 있었던 일 말씀은 드려야 할 것 같아서 왔어요."

그래도 혹시나 아이들이 마음에 담아뒀는데 미처 말하지 못한 부분은 없는지 물어봤습니다. 규정이도, 유영이도 괜찮다며 제 앞에서 다시 서로 사과하는 모습을 보니 참 대견하고 뿌듯했지요.

소통은 혼자 하는 것이 아니다

혼자 말하는 건 소통이라고 하지 않습니다. 소통이 이루어지려면 두 명 이상이 서로의 말을 경청하고 존중하며 의견을 공유하는 자세가 바탕이 되어야 하지요. 메시지를 전달하는 사람은 명확한 의사소통을 위해 노력하고, 전달받는 사람은 경청해야 합니다. 자신을 표현하고 타인을 이해하기 위해서, 그리고 서로 어울리기 위해서 반드시 필요한 능력이 올바른 소통 역량입니다. 정보학에서는 소통과 관련해 섀넌C. E. Shannon과 위버W. Weaver의 '커뮤니케이션 모형'이라는 중요한 모델을 소개합니다. 이 모델에 따르면 정보는 정보 발신자와 수신자 사이에서 신호로 변환되어 전달되는데, 중간에 발생하는 잡음Noise을 최대한 줄이는 것이 정확한 정보 수신의 관건입니다. 섀넌과 위버는 커뮤니케이션은 "한 사람이 다른 사람에게 영향을 미치는 모든 과정"[1]이라 설명하며, 정보가 전달되는 과정, 정보가 전달하는 의미, 그리고 전달하면서 주고자 하는 영향 세 분야 모두에서 불확실성을 줄여야 성공적인 커뮤니케이션이라고 평가했습니다.

발신자와 수신자의 측면에서 소통을 이야기할 때 수신자에게 필요한 능력을 꼽자면 역시 경청이 최우선일 텐데요, 경청 능력도 연습으로 충분히 향상됩니다. 평소에 아이에게 구체적인 청취 기술의 본보기를 보여주거나 직접 가르쳐주세요. 청취 기술의 기본은 상대방에게 집중하고 상대가 전하려는 메시지를 제대로 파악하는 것입니다. 더불어 대화의 내용뿐만 아니라 표정이나 몸짓 같은 비언어 신호 또한 유심히 살필 수 있어야 합니다. 상대방의 말을 듣고 난 뒤에는 같은 내용을 다른 언어로 표현하며 의사소통 내용을 서로 명확히 하는 적극적인 듣기도 동반해야 하지요. 이러한 청취 기술을 익히면 상대방도 자신이 존중받고 있다고 느껴 더 효과적인 소통과 공감으로 이어질 수 있습니다.

소통 능력 키우기에 도움이 될 만한 자료로 경기도평생학습포털 GSEEK에서 제공하는 '의사소통 역량 키우기' 강좌를 추천합니다. 로그인과 별도의 회원가입 절차도 필요 없으므로,

부담 없이 수강해 볼 만한 자료입니다. 여러 자료를 활용한 교육도 좋지만, 다른 사람과의 소통에 익숙해지려면 무엇보다 가정에서 부모와 아이의 소통이 가장 중요합니다. 일상생활에서 크고 작은 이야기 소재를 발굴해 아이와 터놓고 의견을 나누는 시간이 많으면 많을수록 좋지요. 결론을 내기 힘들거나 답이 정해져 있지 않은 주제로 이야기하면 서로 다른 의견을 제시하며 소통이 원활하지 않을 때도 있을 겁니다. 흔히 "말이 안 통한다"라고 표현하는 상황이 벌어질지도 모르지요. 그렇더라도 대화를 중단하지 않는 노력이 필요합니다. 아이의 의견이라고 해서 무조건 무시하거나 반대로 전부 다 받아주지 않고, 부모와 아이가 동등한 입장에서 의견을 주고받을 수 있는 환경을 의식적으로 조성하면 아이가 다른 사람들과 유연하게 소통하는 방법을 편안하게 익힐 수 있습니다. 나와 다른 의견을 가진 사람이 있더라도 '그렇게 생각할 수도 있구나. 나도 다시 한번 생각해 봐야겠다'라는 열린 마음을 가지는 데에서부터 소통의 장이 활짝 열릴 것입니다.

관심은 소통의 씨앗, 존중은 소통의 토양

명연설의 대가인 미국의 전 대통령 에이브러햄 링컨Abraham

Lincoln은 "I don't like that man. I must get to know him better"라는 말을 남겼다고 합니다. "내가 싫어하는 사람이군. 더 잘 알아봐야겠어" 정도로 해석할 수 있겠지요. 남북으로 갈라졌던 조국을 통합하고 이념의 갈등을 넘어 화합을 이루고자 했던 링컨은 소통의 아이콘이라고 부르기에 부족함이 없는 사람입니다. 그의 말에서 우리는 소통이라는 가치에 꼭 필요한 자세를 알 수 있습니다. 바로 상대를 향한 관심입니다.

준성이는 소통을 특히 잘하는 아이입니다. 아이들 사이에 다툼이나 의견 대립이 일어났을 때 모두의 말을 귀 기울여 듣고 조율점을 끌어내는 능력이 탁월하지요. 도서관에서는 도서부원들 사이에 서로 적정한 역할 분배가 일어나지 못하면 일이 편중되거나 정체되기 십상이라, 역할 분배와 조율이 필수입니다. 준성이는 늘 다른 아이들의 사정을 알아보고 사이에서 전달하는 역할을 맡아주었습니다.

"혜원이는 오늘 수행평가가 있어서 일찍 가야 해."

"재원이는 지난주 금요일부터 독감이라서 오늘도 빠질 것 같아."

"주원아, 미래 선배가 네가 키가 크니까 안쪽 책장을 맡아주면 좋겠다고 전해달라던데?"

이렇듯 주변을 향한 관심으로 부원들 사이에 윤활유처럼 소통의 길을 열어주는 준성이 덕에, 도서부는 오늘도 원활히 정상 운영되고 있습니다.

주변에 관심을 가지는 일은 언뜻 사소해 보이지만 놀라운 힘을 발휘합니다. 오로지 학생들만의 아이디어에서 출발해 선생님들에게 감동을 준 깜짝 시상식이 떠오릅니다. 아이들이 자발적으로 기획했다는 점에서 더 특별한 시간이었습니다. 교사가 학생들의 학교생활을 바탕으로 학교생활기록부를 작성한다는 데에서 아이디어를 얻어, 아이들이 교과 선생님을 캐리커처로 표현하고 선생님의 성격이나 자주 쓰는 말을 키워드로 적은 선물을 준비한 건데요, 각 과목 수업의 특징까지 반영해 제작한 '교사생활기록부'를 학년말에 선생님들에게 선물한 깜짝 이벤트였습니다. 아이들이 각자의 강점을 살려 상장 제작, 캐리커처 그리기, 자료에 넣을 설문조사 진행, 감사 표현을 담은 문구 작성, 내용 편집, 칠판 꾸미기, 시상식 진행 등의 역할을 정해 시간을 들여 준비한 선물인 데다가, 교사들이 아이들에게 관심을 기울이는 것 못지않게 아이들도 선생님에게 관심을 두고 있었다고 생각하니 마음이 찡해졌지요. 서로 고마운 마음을 주고받으며 교사와 아이들 간에 소통의 장이 활짝 열렸습니다. 학급회장의 진행으로 교과 선생님들에게 상장과 자료를 모두 드린 뒤에 어떻게 이렇게 대견한 생각을 했는지 물어보니 "은지와 찬민이가 아이디어를 냈어요!", "진서가 상장을 편집하고 인쇄했어요!"라고 서로에게 공을 돌리며 끝까지 감동을 선사했습니다.

잊지 못할 특별한 추억을 안겨준 학급의 분위기를 돌이켜보니 유독 밝고 유쾌했다는 생각이 듭니다. 아이들은 학급 회의나 진로활동을 할 때 자신의 의견을 적극적으로 표현하면서도 친구들의 말을 경청하고, 평화롭게 이견을 조율해 나가는 모습을 보였지요. 다양한 성향의 아이들이 모여 있는 교실이지만 원활하게 소통하니 어느 순간 조화를 이루며 시너지가 생겼습니다. 모든 학생이 저마다의 방식으로 소통합니다. 각자 다른 소통 방식을 쓰더라도 서로에 대한 존중을 바탕으로 긍정적인 관심과 애정을 보여주면 소통이 실패할 확률은 자연히 줄어듭니다. 은지와 찬민이가 좋은 아이디어를 이야기했더라도 '귀찮은데', '시간 많이 걸릴 것 같은데'라고 생각하며 부정적이고 비협조적인 태도를 보이는 아이가 있었다면 이벤트가 순조롭게 진행되지 않았을 것입니다. 실제로 준비하는 과정에서 크고 작은 의견 충돌이 있었다고 들었는데, 그런 상황에서도 아이들이 열린 마음으로 다른 사람을 존중하고, 목표에 도달하기 위해 함께 고민하며, 각자 역할에 끝까지 책임을 다했기에 많은 선생님들에게 행복과 감동을 줄 수 있었습니다.

한두 명에게 기발한 아이디어가 있더라도 혼자 힘으로는 실현하기 어려워 협업이 필요한 상황이 많습니다. 여럿이 모이면 피할 수 없는 게 바로 소통이고요. 소통이 잘되면 협업 과정에 문제가 생겨도 얼마든지 해결되지요. 학교생활기록부에는 학생이 학교생활 중 문제를 해결한 경험, 그 과정을 통해 성장한 점을 구체적으로 작성할 수 있습니다. 그래서 아이들에게 학급 이벤트를 준비하고 진행한 소감을 작성하도록 했습니다. 역시나 "아이디어를 구체화하면서 의견 차이를 조율하는 것이 쉽지 않았지만, 중간에 포기하지 않고 끝까지 최선을 다해 결실을 볼 수 있어 의미 있었다", "우리가 주도적으로 회의를 진행하고, 시상식을 기획한 결과 선생님들이 기뻐하셔서 뿌듯함을 느꼈다"라는 소감이 주를 이루었습니다. 관심과 존중으로 또래와의 소통을 성공적으로 이루어낸 경험은 모두에게 즐거운 추억으로 남을 것이고, 훗날 아이들이 사회에서 다른 사람과 갈등을 겪더라도 슬기로운 해결을 위해 노력하는 마음가짐을 기억하게 해주리라 믿습니다.

미래 사회에는 결코 혼자서는 해결하기 어려운 여러 도전 과제들이 생겨날 것입니다. 환경 문제를 예로 들 수 있겠지요. 아이들의 성공적인 의사소통 능력은 앞으로 닥칠 커다란 문제를 해결해 나갈 열쇠입니다. "인간은 커뮤니케이션을 통해 공유하는 만큼 이해하고 존재하는 동물이다"라며 '호모 커뮤니쿠스'를 주장하는 학자가 있을 정도로 소통은 인간에게 중요한 가치입니다.[2] 이런 소통의 가치를 훌륭하게 지켜나간다면 우리 아이들이 미래의 리더로서 개개인을 넘어 여러 국가, 전 세계와 함께 한마음으로 대화하며 세상을 움직이는 일을 실현할 수 있습니다.

대화를 중단하지 않는
노력이 필요합니다.

CHAPTER 2.
감사할 줄 아는 아이

인성 교육에서 빼놓을 수 없는 부분으로 아이들에게 감사함 가르치기를 꼽을 수 있습니다. 감사하는 마음은 단순히 형식적인 인사에 그치지 않고, 마음을 실천으로 옮길 때 진정한 가치가 드러납니다. 작은 일에도 감사할 줄 아는 아이들은 더 긍정적이고 성숙한 인격을 갖추고 행복한 삶을 꾸려 나가지요.

"상장. '1학기 동안 수고하셨어요 상'. 위 선생님은 sew나 saw 같은 영어 단어를 재밌게 기억할 수 있게 해주시고 7반에 소중한 영어 수업을 선물해 주셨기에 이 상장을 드립니다. 202X년 7월 17일. 7반 일동 드림."

1학기 마지막 수업 날입니다. 저의 등장과 동시에 7반 아이들이 우렁찬 박수로 맞이해 주었습니다. 환호 속에서 학급회장에게 정말 의미 있는 상장을 받았지요. 영어 수업 시간에 제가 단어를 가르치는 방식이 신선하고 재미있었나 봅니다. 상장을 받은 저도 기분이 좋고 감사를 표현하는 아이들의 얼굴에도 즐거움이 가득합니다. 교사에게 수업은 어떻게 보면 당연한 일입니다. 하지만 7반 아이들은 수업받는 일을 당연하게 생각하지 않고 직접 만든 상장으로 고마움을 표현했습니다.

감사함이 주는 선물, 행복

감사의 소중함을 깨닫기 위해서는 '당연함'을 생각해 보면 좋습니다. 세상 일이 모두 당연하다면 고마움을 느낄 일이 하나도 없겠지요. 맛있는 밥을 먹는 게 당연하고, 따뜻한 옷을 입는 게 그저 당연한 일이라면 '이건 원래 이래야 하는데 왜 이런 게 부족하지?' 하면서 불편하고 부정적인 측면을 찾게 됩니다. 하지만 이 세상 그 무엇도 당연한 것은 없습니다. 어느 정도 안정된 의식주를 보장받는 일이 현대 사회에서는 당연하게 여겨지지만, 알고 보면 지금 우리는 100년 전만 하더라도 상상하기 어려운 안전과 안녕을 누리고 있습니다. 웬만한 일에는 모두 당연함을 전제로 하다 보니, 사람들은 이제 당연하지 않을 만한 무언가를 찾고 비교하며 남들보다 더 나은 삶을 사는 것이 '행복'이라 느끼기도 합니다. 과연 비범한 삶에 진짜 행복이 있을까요?

순수한 행복은 감사하는 마음에서 옵니다. 사소해 보이는 것에 고마움을 느끼고, 고마운 마음을 다른 사람에게 표현하면 긍정적 에너지가 퍼져나가고, 자신뿐만 아니라 주변 사람들의 삶이 더욱 풍요로워집니다. 당연하거나 익숙한 일을 뒤집어 '만약 그렇지 않았다면?' 하고 다시 한번 생각하면 참 다행이라는 생각이 들며 고마워지는 일이 꽤 자주 있습니다. 상황이 지금보다 나빴으면 어땠을지 생각해 보는 '사후과정사고'도 감사를 배울 수 있는 좋은 방법입니다. 허리케인 '카트리나'의 생존자들은 막대한 재산 피해를 입었지만, 사랑하는 가족이 살아있다는 사실에서부터 많은 위안과 감사를 얻었다고 합니다.[3] 재산을 덜 잃었으면 더 좋았을 거라는 생각보다 가족을 잃었으면 어땠을까 하는 아찔한 가정이 고마움을 불러온 겁니다. 가족의 무사함에 감사하는 마음은 재난 속에서 한줄기 희망과 커다란 행복을 주었을 것입니다.

표현해야만 알 수 있는 마음

　진정성 있는 마음이 있어도, 누군가에게는 그 고마움을 표현하기가 쉽지 않은 일일 수도 있습니다. 특히 가족이나 친구처럼 가까운 사람들에게는 고마운 마음이 들더라도 굳이 "고마워"라고 말하기 쑥스러울지 모릅니다. 고맙다는 표현을 자주 듣지 못하면 그만큼 하기도 어렵습니다. 익숙하지 않으니 자신이 말하기도 어색하게 느껴지지요. 마음을 표현하는 데 익숙해지도록, 아이가 엄청난 성과를 거두거나, 특별한 이벤트가 있는 상황이 아니더라도 칭찬할 거리나 고마워할 만한 일을 찾아 표현해 주세요. 조금만 살피면 일상생활에서 말 한마디, 행동 하나에 고마움을 느끼는 순간은 얼마든지 있습니다. 때로는 편지, 메신저로도 "쉽지 않았을 텐데 대견하네", "동생 공부를 도와줘서 고마워"처럼 구체적인 칭찬과 감사의 표현을 접하면 아이에게 큰 힘이 됩니다. 아이 역시 부모님에게 감사한 마음이 드는 것은 물론, 고마움을 표현하는 방법까지 자연스럽게 익힐 수 있지요. 익숙하지 않은 외국어는 제대로 쓰기 힘듭니다. 마찬가지로, 감사함의 표현에 익숙해져야 아이도 편안하게 그런 말을 쓸 수 있습니다. 다른 사람에게 예쁜 말로 고마운 마음을 표현할 줄 아는 아이는 예쁜 마음까지 인정받을 수 있습니다.

초등학교에서는 종종 감사 글쓰기와 "감사합니다"라는 인사를 생활화하는 방법으로 아이들이 고마움을 표현하도록 가르칩니다. 아침마다 고마운 일을 찾아 글을 쓰도록 하면, 처음에는 곧잘 적다가도 어느 순간부터 더 이상 감사한 일을 찾기 힘들어 하는데요, 그러면 같은 내용을 반복해서 적거나, 장난처럼 엉뚱한 일에 감사함을 표현하기도 하지요. "세계가 평화로워서 감사합니다"라거나 "우리 동네에 전쟁이 일어나지 않아서 감사합니다"라는 문장이 슬슬 등장하기 시작합니다. 물론 세계 평화가 고마운 일이기는 하지만, 이런 식의 감사함 찾기를 위해 감사 글쓰기를 교육하지는 않습니다. 감사함은 마치 근육과 같아서, 계속 훈련할수록 주변을 더 세밀히 관찰하고 감사할 일을 더 잘 찾게 됩니다. 그러니 많이 듣고, 많이 말하고 쓰면서 체화해야 하지요. 현재 누리고 있는 여러 행복을 적어보면 삶에 대해 낙관적으로 생각하는 비율이 크게 증가한다고 합니다.[4] 쓰는 활동으로 시야가 트이면 어려운 상황에서도 긍정적인 요소들을 발견할 수 있습니다. 감사를 느끼는 능력을 지녔다는 사실에도 고맙다는 생각이 드는 선순환이 생겨나기도 한다니, 감사의 힘이 정말 대단하지 않나요?

감사는 좋은 일을 끌어당기는 자석

감사하는 마음은 건강에도 긍정적인 효과를 불러옵니다. 피츠버그대학교에서 심장이식 수술을 받은 환자 119명을 대상으로 추적 조사를 한 결과, 감사한 마음이 신체, 정신적 건강과 양의 상관관계가 있음이 밝혀졌습니다.[5] 감사의 마음이 장수에 도움이 된다는 연구 결과도 있습니다. 수녀들을 대상으로 한 연구에서 22세에 자서전을 작성하며, 살아오면서 긍정적인 경험이 많이 있었다고 보고한 수녀들이 60년 뒤에도 생존해 있을 가능성이 더 높았습니다. 가장 행복한 수녀는 가장 불행한 수녀와 비교했을 때 무려 7년이나 수명에 차이가 있었다고 합니다.[6]

감사를 표현했을 때 가장 체감이 되는 효용은 무엇보다 인간관계에서 찾을 수 있을 것입니다. "감사성향이 높은 사람은 (…) 감사성향이 낮은 사람들보다 타인에게 호감을 주고 타인과 관계를 보다 쉽게 형성하며, 타인을 더 잘 배려하고, 타인의 실수에도 관대한 경향이 있다"[7]는 연구 결과와, "감사하는 사람은 다른 사람으로부터 받은 도움에 보답함으로써 서로 도움을 주고받는 관계를 형성하게 되는데 이 과정에서 대인관계가 강화되기 때문에 감사성향은 관계유지를 촉진"[8]한다는 보고가 있습니다.

우리 아이들이 이렇게 다방면으로 도움이 되는 핵심 가치인 감사의 마음을 지닌다면, 언제 어느 때든 도움을 얻고 또 건넬 줄도 아는 인성 바른 인재로 자라날 것입니다. 자연히 학교생활도 더욱 즐거워지지요. 학교에서 매달 칭찬하기 활동을 꾸준히 진행했습니다. 한 달 동안 반에서 칭찬하고 싶은 친구를 선택해 고마운 점을 찾고 칭찬하는 이유를 구체적으로 적는 활동입니다. 친한 친구끼리 칭찬을 주고받는 일도 있었지만, 대부분이 친분에 얽매이기보다는 진정성 있게 참여해 주었습니다. 칭찬 대상도, 내용도 다채로워 아이들 각자 자기가 칭찬받은 이유를 확인할 수 있도록 자료를 만들어 공유했습니다. 사소한 일로 자신을 칭찬해 준 반 친구가 있다는 걸 알고 고마움을 느낀 아이들은 더 긍정적으로 바뀌었습니다. 무심코 했던 행동이 다른 사람에게 큰 힘이 되고, 내가 고마움의 대상이 될 수 있다는 점을 깨닫자 반 분위기도 더욱 따뜻해졌습니다. 대가를 바라지 않고 한 말과 행동이 다른 사람에게는 큰 감동이 되기도 합니다. 그리고 그 감동은 인정과 칭찬으로 돌아와 모두의 마음을 따뜻하게 데우고, 함께 더 많은 일을 하게 하는 원동력이 됩니다. 다른 사람에게 고마운 점을 구체적으로 생각하다 보면 그 사람의 단점보다는 장점을 먼저 찾을 수 있습니다. 타인을 따뜻한 시선으로 바라보게 되지요. 이런 개개인의 행동이 모여 사회가 긍정적인 방향으로 작동합니다.

교사라는 직업을 선택하고 나서 감사를 주고받을 일이 더욱 많아졌습니다. 특별실 업무를 보다 보면 업무 공간과 관리교사인 제가 동일시되어, 도서관을 좋아하는 학생들의 긍정적인 마음이 저를 향할 때가 있습니다. 그 덕에 종종 감사 쪽지를 받기도 하는데, "도서관이 더 좋아졌어요!", "재미있는 책을 많이 구비해 주셔서 감사합니다!"와 같은 내용들입니다. 하나하나 책상 위에 붙여두고 눈 돌릴 때마다 기운을 얻고 있습니다. 일상적인 감사 인사는 생활의 윤활유가 되어줍니다. 대출반납 업무를 할 때 듣는 "감사합니다" 한 마디, 책을 찾아주었을 때 듣는 고마움 표현으로 그 아이에게 눈길 한 번 더 주게 되고, 더 열심히 도와줘야겠다는 다짐도 하지요. 이렇듯 감사를 표현할 줄 아는 사람은 누구에게나 호의를 얻어내고, 함께하고자 하는 사람들이 주변에 모입니다. 감사를 실천하는 아이에게 학교도 더 다정한 얼굴로 다가오게 될 것입니다.

TIPS

초등학생을 위한 감사 글쓰기

_김건

고마운 마음을 꼭꼭 간직하는 감사 글을 쓰자

아이들이 일상생활에서 고마움을 느끼고 그 마음을 소중히 기억할 수 있도록 감사 글쓰기 활동을 추천합니다. 실제로 해보면 아이들이 긍정적으로 변화하는 모습이 뚜렷이 느껴지기도 하고, 쓰기 실력이 조금씩 늘어가는 것도 눈에 보여 우리 학급에서도 즐겨하는 활동입니다.

20XX년 XX월 XX일 X요일

주제:

오늘은 ○○한 일이 있었습니다.

이때 □□해준 △△에게 고맙습니다.

공책 하나를 준비해 기본 양식만 알려주고 꾸준히 쓰도록 격려해 주세요. 감사 글쓰기를 하는 방법은 여러 가지가 있겠지만, 저는 그날그날 고마운 내용을 한두 가지 정도 찾아서 써보기, 주제를 정해서 쓰기 두 가지 방법을 병행하는 방식을 추천합니다. 그날그날 글쓰기를 할 때는 첫 번째 방법으로 하면서 일상에서 소소한 고마운 일을 찾는 경험을 늘리고, 특별히 감사할 만한 내용이 있는 날에는 그 주제 하나로 고마운 대상을 적고, 에피소드를 풍부하게 묘사하도록 합니다. 물론, 대상은 꼭 사람이 아니어도 좋습니다. 동물이나 자연, 사물도 고마움의 대상이 될 수 있지요.

처음 시도할 때는 이것저것 곧잘 찾아내는 아이들도 있고, 반대로 감사할 일이 없다고 하거나 떠오르지 않는다고 하는 아이들도 틀림없이 있을 겁니다. 그럴 때는 '교육의 신 땡스에듀' 채널의 '기적의감사일기 100'에서 영상을 하나 골라 보여주고 그 주제로 쓰도록 권유해 보세요. 영상의 주제와 비슷한 경험이 아이에게도 있는지 떠올릴 수 있게 간단히 문답을 진행하면 조잘조잘 이야기하며 금세 글감을 찾아낼 거예요. 글쓰기에 서툰 아이들은 영상에 나온 예시의 내용을 약간 바꿔서 쓰는 연습부터 할 수도 있습니다. 고쳐 쓰기를 하다 보면 점점 나만의 글을 쓰고 싶은 욕구가 생기기도 합니다.

> **기적의감사일기 100 채널 주소**
> https://www.youtube.com/playlist?list=PLb24K7BdUSmade7RC3LU3-yVSUUO68p3h

감사 글쓰기는 주제나 대상이 다양할수록 좋습니다. 그만큼 감사할 일도, 대상도 많다는 방증이니까요. 주변에 관심을 기울이고 관찰력을 발휘하면 하루에 한두 가지쯤 고마움을 느낄 만한 일이 분명 있습니다. 다음과 같은 고마움의 예시를 찾아, 글을 쓰기 전에 한마디로 간단히 표현하는 활동부터 해봅니다.

- **고마운 대상:** 사람(친구, 가족, 주변인), 동물, 사물(물건, 건물), 자연(꽃, 바람, 구름), 음악이나 그림, 생각이나 느낌…
- **고마운 이유:** 존재 자체, 도와줌, 놀아줌, 지켜줌, 편안함을 줌, 행복을 줌, 맛있음, 예쁨, 재미있음…

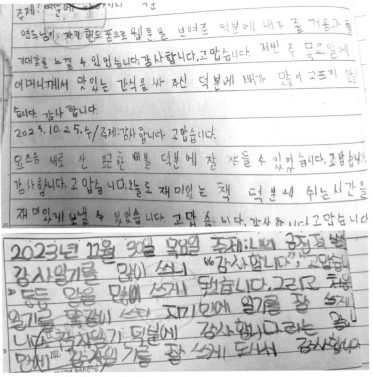

그림 3. 초등 3학년의 감사 글쓰기

평이한 날이 이어져 소재 고갈의 위기가 찾아올 듯하면 가족 간 대화, 책이나 영상 등 여러 자료를 활용해 더 풍성한 고마울 거리를 찾아내게 도와주세요. 일상에서 세심하게 감사함을 감지하는 능력을 키우고 글쓰기로 표현하는 연습을 꾸준히 한다면, 긍정적인 마음이 가득한 건강한 아이로 키울 수 있습니다.

아이가 좋아하는 유튜버나 채널을 아시나요? 스마트폰이 생기면서 아이들은 생각보다 많은 시간을 디지털 세상에서 보내고 있습니다. 좋아하는 채널이나 유튜버가 적어도 한 명은 꼭있고 인기 동영상 플랫폼이나 SNS 이야기에는 눈을 반짝이며 최근 유행이나 관심사가 술술 나옵니다.

미국의 퓨 리서치 센터Pew Research Center는 특정 시대에 태어난 사람들이 공유하는 경험인 '연령 코호트'로 인해 세대별로고유한 특성을 띄게 된다며 세대론을 주장했습니다. 세대론에 따라 명명된 이름 중, 흔히 MZ세대로 묶여 표현되는 1980년부터 2000년대생, 그리고 2010년대 이후 출생한 알파세대에 두드러지게 나타나는 특성이 있지요. 바로 디지털 기기의 이용을 포함한 디지털 문화에 매우 익숙하다는 점입니다.

한국언론진흥재단에서 실시한 '2020 어린이 미디어 이용 조사' 결과에 따르면, 한국의 3~9살 어린이 82.8%는 스마트폰을, 79.7%는 스마트텔레비전을 이용하며, 하루 평균 미디어를 이용하는 시간 또한 평균 4시간 45분에 달합니다.[9] 우리 아이들은 '포노 사피엔스'라고 불릴 정도로 스마트폰을 신체 일부처럼 능숙하게 사용하는 세대이며, 이러한 추세는 늘었으면 늘었지, 결코 줄어들 기미가 보이지 않습니다. 이렇게 많은 시간 디지털 환경에 노출된 아이들에 대한 부모들의 우려 또한 조사 결과를 통해 드러납니다. 아동, 부모, 그리고 교육자 대상의 미디어 교육이 필요하다고 생각하는 부모의 응답 비율은 모두 80%를 넘겼습니다.[10]

혜택은 누리되, 사용은 올바르게

수업 시작 전, 노트북을 연결하고 있는 저에게 민식이가 말을 걸어왔습니다.

"선생님! 성진이 유튜브한다요? 엄청 웃겨요! 어렸을 때 모습도 다 나와요."

"오, 그래? 궁금하다! 지금 검색해 봐도 돼?"

"저는 너무 좋은데 성진이가 불편해할 수도 있으니까 성진이한테 한번 물어보고 올게요."

잠시 후 민식이와 대화를 나누던 성진이가 교탁 옆으로 다가옵니다.

"선생님, 약간 부끄럽긴 한데 아이들과 다 같이 봐도 좋을 것 같아요."

마냥 장난꾸러기인 줄만 알았는데, 민식이는 혹시라도 영상 속의 성진이 과거 모습을 다른 친구들이 봤을 때 성진이가 당황해하거나 불쾌감을 느끼지는 않을까 하는 마음에 먼저 당사자인 성진이의 허락을 구했습니다. 성진이가 유튜브에 공개로 자신의 영상을 올렸다는 것은 다른 사람들과 공유하고 싶다는 생각이 바탕이 되었을 텐데도 말입니다. 친구의 사생활을 존중해 주려는 민식이의 마음이 참 예뻤지요. 그렇게 성진이의 동의를 구하고 우리는 큰 TV 화면으로 초등학생 시절 성진이가 귀엽게 춤추는 영상을 보았습니다. 수업 시작 전에 잠깐이나마 다 함께 깔깔대며 웃고 나니 그날은 수업 분위기도 유독 활기찼지요.

인터넷과 SNS의 발달로 온라인에서 학생들의 활동 범위가 늘어나고, 더 다양한 정보와 커뮤니티를 접하게 되면서 인성 교육의 범위도 넓어졌습니다. 디지털 세계에서 벌어지는 범죄와 해악에 많은 사람이 공감, 국가 차원에서도 '디지털 시민교육'이라는 이름으로 점차 역량 교육을 확대해 나가는 추세입니다. 디지털 역량에는 기술을 다루는 측면과 함께 디지털 에티켓과 저작권, 사이버 폭력에 대한 인지 등 윤리적인 측면이 모두 포함됩니다.

인공지능의 발달 또한 디지털 윤리라는 화두에 불을 지폈습니다. 작곡, 작문, 디자인 등 창의성을 요구하는 영역에서조차 인공지능 기술의 영향력이 커지면서 사용 범위, 진위 판단 등에 윤리적 고민이 필요해졌지요. 학교 수업 시간에도 대화형 인공지능 서비스인 챗GPTChatGPT를 활용하는 사례가 늘어나고 있습니다. 수행평가에서 뛰어난 언변과 재치로 청중을 사로잡은 민주는 발표를 마무리하면서 "챗GPT를 참고해 발표를 준비했습니다"라고 밝혔습니다. 챗GPT를 활용하면 필요한 정보를 얻는 일 외에 목차 구성, 소제목 작성 등을 더 수월하게 할 수 있습니다. 다만 챗GPT가 제시하는 내용의 진위를 검증하는 수고를 마다해서는 안 되고, 사용 허용 범위를 조사해 필요한 경우 출처를 명확히 밝혀야 하지요.

학습자중심교과교육학회에서 2016년에 발표한 〈핵심역량 중심의 미디어 리터러시 교육 내용 체계화 연구〉에 따르면, 교육자들은 지속해서 책임 있는 미디어 이용의 중요성을 강조해 왔습니다. SNS상에서의 따돌림, 스마트폰과 게임 중독 등의 문제를 겪는 학생들을 관찰한 결과, 디지털 환경의 이용에 절제와 책임을 알려주는 교육이 필요하다는 것입니다.[11] 디지털 세상에는 우리가 경계해야 할 위험도 있지만, 시공간을 넘어 다양한 정보와 지식을 손쉽게 얻을 기회를 주는 세상을 마냥 외면하고 살 수는 없습니다. 따라서 디지털 기기의 사용을 통제만 할 것이 아니라 이를 올바로 활용할 수 있는 능력을 길러야 합니다. "미디어를 부정적으로 보고 통제하는 '보호주의' 적 시각에서가 아니라, 스스로 미디어를 선택, 수용하고 건강하게 사용하는 법을 익히는 실천적인 소양 교육"[12]이 무엇보다 필요한 때입니다.

구체적으로, 디지털 기기의 용도와 활용 시간을 사용자 스스로 파악하고 통제하는 능력을 길러야 합니다. 눈길을 사로잡는 디지털 세상의 유혹에 빠지지 않으려면 '자료를 찾거나 학업에 도움이 되는 인터넷 강의를 들을 때만 사용하겠다, 동영상 시청은 하루에 몇 분만 하겠다'는 식으로 용도를 제한하고, 꼭 지키겠다는 결심을 해야 하지요. 워낙 스마트폰 하나로 못 하는 일이 없다 보니, 아이들과 상담을 하면 디지털 기기 사용 시간과 중독 증상을 고민하는 경우가 많습니다. 혼자서 행동을 통제하기 힘들다면 디지털 디톡스에 도움이 되는 애플리케이션을 활용해 보아도 좋고, 이럴 때 부모님 찬스를 쓰도록 아이에게 조언을 해주어도 좋습니다. 아이가 디지털 기기를 사용하는 시간이 얼마나 되는지, 어떤 용도로 사용하고 있는지 파악해 두었다가 디지털 기기로 게임이나 영상을 보는 데 지나치게 많은 시간을 보내고 있다면 아이와 충분히 대화하며 사용 시간을 점차 줄여나갈 수 있는 방법을 함께 고민해 주세요. 정해진 시간 동안 기기를 맡아주거나 잠금 장치를 사용해 보자고 권유할 수도 있고, 합의한 사용 시간을 잘 지키면 적절한 보상을 약속할 수도 있습니다.

디지털 세상에도 '진짜'는 있다

미디어를 올바르게 활용하고 디지털 윤리를 실천하기 위해서는 '익명성'과 '허위'에 주목해야 합니다. 악성 댓글이나 사이버 폭력, 딥페이크 악용, 가짜뉴스 등 다양한 온라인상의 문제가 익명성이라는 그늘에 숨어 일어납니다. 특히 언어폭력이 익명성의 가장 큰 폐해라고 할 수 있지요. 생각보다 많은 아이들이 온라인에서 아무렇지 않게 욕설을 사용하고 타인에게 상처가 되는 말을 합니다. 학교생활이 디지털 공간과 밀접하게 연결되면서 디지털 공간에 남긴 흔적이 학교폭력으로 이어질 가능성도 커지고 있습니다. 디지털 공간에서 다른 학생을 놀리거나 험담하는 언어폭력은 물리적 공간에서와 마찬가지로 문제가 됩니다. 'SNS에 남긴 기록 정도로 설마 문제가 되겠어?'라고 가벼이 여겨서는 안 됩니다. 2026학년도부터는 학교폭력 조치 사항 보존기간이 연장되어 학교폭력 관련 조치를 받았을 때 대학 입학뿐만 아니라 졸업 시에도 불이익이 이어질 수 있습니다. 디지털 공간이라고 해서 현실 세계와 동떨어진 상상 속 장소는 아닙니다. 디지털 공간에서 다른 학생에게 가하는 언어폭력도 학교폭력이 될 수 있다는 점을 아이에게 반드시 가르쳐주세요. 디지털 공간은 정보 저장의 한계가 거의 없는 곳입니다. 내가 무심코 쓴 글이 어떤 식으로 복제되어 언제까지 남을지 아무도 모르지요. 그래서 더더욱 언어 사용에 신경 쓸 필요가 있습니다.

온갖 정보가 넘쳐나는 디지털 공간에서는 허위를 구분하는 능력도 매우 중요합니다. 몰라서 잘못을 저지르는 우를 범하지 않으려면 진짜와 가짜를 구분하는 능력을 지속해서 키워야 하지요. 딥페이크Deepfake를 악용한 각종 범죄가 기승을 부리고 있습니다. 딥페이크란 인공지능 기술인 딥러닝deep learning에 '가짜'를 의미하는 페이크fake를 합성한 단어로, 인공지능 기술로 진위를 판단하기 어렵게 제작한 가짜 영상물이나 이미지를 말합니다. 기술의 발전 수준에 비해 기술을 사용하는 사람들의 윤리적 수준이 뒤떨어진 현상을 '문화지체현상'이라고도 표현하는데요, 일상에서 이런 신기술을 악용하는 사례가 늘어날수록 디지털 윤리 교육을 강화해 우리 아이들이 문화지체현상을 겪는 일이 없도록 해주어야 합니다. 그 일환으로 아이와 함께 가짜뉴스 판별하기 활동을 꾸준히 해보면 좋습니다. 새로운 소식을 접할 때 무분별하게 수용하지 않고 여러 단계를 거쳐 그 정보가 진실인지 아닌지를 판별하는 것입니다.

1. 글의 출처를 확인합니다. 가장 먼저 누가 썼는지 저자와, 어디에서 나왔는지 발행 정보를 확인해야 합니다.
2. 타임라인과 날짜 정보, 이미지를 검토하며 논리적인 오류는 없는지, 이미지에는 거짓이 없는지 세부 사항을 따져봅니다.

새로운 정보를 수용할 때 비판적으로 따져보고 정보의 신뢰도를 판단하는 습관을 들이면 아이들의 비판적·논리적 사고 능력도 함께 성장할 것입니다. 또한 평소에도 온라인 매체를 사용해 아이들과 상호작용을 하면 아이들이 디지털 공간과 현실 세계는 별개가 아님을 자연스럽게 깨달을 수 있습니다. 가상의 메타버스 공간에서도 현실에서 일상적으로 하는 대화를 나누고, '루미큐브' 같은 간단한 게임을 온라인으로 함께하며 강조하는 겁니다. '우리가 서로 마주보고 있지는 않지만 우리는 지금 상호작용하는 거라고, 손에 닿지 않는 존재들이 사실은 모두 현실에 살아 숨 쉬는 존엄하고 소중한 사람들이라고' 말이지요. 그러면 우리 아이들이 익명성이나 가상 공간이라는 편안함에 기대어 무분별하게 행동하기 전에, 스스로의 판단으로 각자의 양심에 빨간 경고등을 켤 수 있을 것입니다.

디지털 공간이라고 해서
현실 세계와 동떨어진
상상 속 장소는 아닙니다.

CASE STUDY

미디어 리터러시 교육 사례

_문서림

문해력과 미디어 사용 역량 두 마리 토끼를 잡자

사서교사는 정보 전문가이기도 합니다. 미디어 리터러시는 제가 전공한 문헌정보학과 밀접하게 연관된 분야로, 2022 개정 교육과정에서도 교육의 중요성을 강조하고 있습니다. 2023년 5월과 6월, 두 차례에 걸쳐 의정부교육도서관의 지원을 받아 우리 학교 도서부원들을 대상으로 미디어 리터러시 교육을 진행했습니다.

그림 4. 전문 강사와 함께한 미디어 리터러시 강좌 현장

아이들은 전문 강사와 함께 가짜뉴스 가려내기, 카드 뉴스 제작 활동을 하고, 저작권과 정보 윤리 교육도 받았습니다. 같은 주제를 다루는 뉴스라도 관점에 따라 전혀 다른 주장을 실을 수 있으니, 다양한 정보원을 찾고 출처가 믿을 만한지 확인하는 작업을 꼭 거쳐야 한다는 교훈을 얻었지요. 또한 직접 카드 뉴스를 만들며 뉴스가 어떻게 가공되고 제작되는지를 학습하고, 유용한 제작 툴도 다뤄보는 유익한 시간을 보냈습니다. 참여한 아이들에게서 "꼭 배울 필요가 있는 내용이었다"는 호의적인 반응이 나왔음은 물론입니다.

미디어 리터러시를 '매체 이해력' 또는 '매체 문해력'으로 풀이하는 것에서도 알 수 있듯, 미디어 리터러시를 강화할수록 아이의 문해력도 좋아집니다. 우리 학교의 사례처럼 강사를 초빙하는 현장 강의가 아니더라도, 미디어 리터러시를 함양할 수 있는 활동들을 몇 가지 소개합니다.

■ '서울대 팩트체크센터'에서는 아이들이 가짜뉴스를 직접 판별해 보는 'FACTS PLEASE'라는 게임을 제공합니다. 어떤 뉴스가 얼마나 사실에 입각한 정보를 제공하고 있는지 판별하는 과정을 거치며 비판적 사고를 기를 수 있습니다.

> **FACTS PLEASE 누리집 주소**
> https://snu-factchecker.netlify.app/

■ 학교 미디어 교육 활동 지원을 위해 만들어진 플랫폼 '미리네'에서는 미디어 리터러시 수업에 활용할 수 있는 PDF 자료를 제공합니다. 학교급별로 구분된 교사용, 학생용 자료를 무료로 내려받아 이용할 수 있습니다.

■ '에듀넷 티-클리어'에서 제공하는 '슬기롭게 누리는 미디어 세상'도 활용해 보세요. 교육부에서 5~6학년 교과 성취 기준을 기반으로 만든 자료로, 미디어 콘텐츠의 생산과 감상, 이해, 검색과 비평, 책임감 있는 이용 등 미디어 리터러시의 일곱 가지 역량을 기를 수 있도록 설계되었습니다.

■ 미국의 '국제도서관협회연맹IFLA'은 도서관 및 정보 전문가에게 의존하는 사람들의 이익을 대표하는 국제기구로, 누리집에 가짜뉴스를 구별하는 법을 소개했습니다. 이를 기준으로 온라인에서 가짜뉴스 및 불확실한 정보원을 가려내는 연습을 할 수 있습니다.

그림 5. 국제도서관협회연맹이 소개한 가짜뉴스 구별법*

* 국제도서관협회연맹에서 우리말 PDF 배포: https://www.ifla.org/files/assets/faife/images/how_to_spot_fake_news_korean.pdf

아래의 누리집에서도 훌륭한 자료와 정보를 얻을 수 있습니다.

■ 서울대학교 언론정보연구소: https://factcheck.snu.ac.kr/
국내 다양한 언론사에서 사용한 말의 타당성을 지수로 표현
■ 뉴스톱: https://www.newstof.com/
전문가와 시민단체가 팩트체커로 활동하는 팩트체크 전문 미디어
■ AFP 팩트체크: https://factcheckkorea.afp.com/
가짜뉴스 및 허위 정보를 취재하는 세계적인 팩트체크 단체

이 밖에도 미디어 리터러시와 관련한 질 좋은 정보가 온라인상에 폭넓게
공유되어 있으니, 우리 아이들의 디지털 역량 성장에 관심을 가지고 살펴
봐 주세요. 다양한 활동을 하며 역량을 쌓은 우리 학생들이 앞으로 디지
털 환경을 더 안전하고, 자유롭고, 능숙하고, 책임감 있게 탐색할 수 있기
를 기대해 봅니다.

슬기로운 AI 활용 방법

_최명주

AI의 주인으로 살기 위해서는?

세상이 변화하는 속도가 갈수록 빨라지고 있습니다. 새로움은 새로움을 낳고, 다른 것과 결합해 또 다른 새로운 것이 탄생합니다. 생성형 인공지능 챗GPT의 등장으로 새로움의 큰 물결이 일렁이기 시작했습니다. 때로 우리는 기계가 인간의 삶을 편리하게 이끈다는 사실보다 일자리를 빼앗고 인간을 지배하는 디스토피아를 묘사한 창작물에 더 주목합니다. 과학 기술의 악용을 경고하는 작품들의 순기능은 수용하고 진지하게 고민해야 하겠지만, 과도하게 두려워할 필요는 없습니다. 인간이 기술의 주인이 되기만 한다면 말이지요.

대표적인 생성형 인공지능인 챗GPT에 제대로 질문하고 명령하면 원하는 정보를 너무도 쉽게 얻을 수 있는 세상인데요, 그럼에도 챗GPT가 완벽한 툴은 아니므로 사용자가 똑똑하게 활용할 수 있어야 합니다.

먼저, 챗GPT는 거짓말을 합니다. 챗GPT는 자연어 처리 모델로서, 수집한 데이터에 오류나 편향성이 있으면 "안중근이 삼국시대 인물"이라고 말하거나 틀린 연산을 하는 등 잘못된 정보를 사실처럼 제공하기도 합니다. 따라서 사용자가 비판적 시각을 바탕으로 어디까지 믿을 만한지 이중으로 점검하는 습관을 길러야 합니다.

다음으로 윤리적 문제를 짚고 넘어가야 합니다. 챗GPT가 수집한 정보는 사용자의 나이, 성별, 인종, 취향, 성격 등의 민감한 개인정보를 포함할 수 있으며, 기밀정보가 다른 사용자에게 노출될 위험도 있습니다. 챗GPT를 현명하게 사용하려면 원저작자의 권리 침해 여부와 같은 윤리적 문제를 예측하고 분별할 수 있는 디지털 역량을 함양해야 합니다. 또한 디지털 윤리 의식이 성숙한 사용자라면 챗GPT의 연령제한도 준수해야 하지요. 18세 미만의 경우에는 보호자의 관찰과 지도 아래 제한된 범위에서 교육적으로만 사용해야겠습니다.

마지막으로 많은 사람들이 우려하는 학습 역량 저하 문제가 있습니다. 생각하는 힘이 중요한 미래 사회에서 챗GPT는 어쩌면 사용자로부터 지식과 기술을 탐구하는 배움의 과정을 빼앗는지도 모릅니다. 원하는 정보를 즉각 제공하다 보니 인간이 문제를 다각도로 해석하는 과정이 사라지지요. 그렇다고 해서 챗GPT를 사용하지 말아야 할까요? 오히려 그 반대입니다. 야무지게 사용할 줄 알아야 합니다. 제대로 쓴다면 학습이나 일의 능률을 상상 이상으로 높일 수 있습니다. 가장 중요한 건 제대로 질문하기입니다. 구체적인 상황과 맥락을 포함한 명확한 질문을 할수록 좋은 답이 나옵니다. 그리고 한꺼번에 많은 정보를 담은 질문을 하기보다는 순차적으로 구체화하며 질문합니다. 그렇지 않으면 다소 엉뚱한 답을 얻기 쉽습니다. 또한, 챗GPT의 답변에 질서를 부여하고 싶다면 "다양한 형용사를 활용해 서술해 줘" 혹은 "종결어미를 '~했음'이나 '~임'으로 통일해 줘" 같은 명령을 더할 수도 있습니다.

간단한 Q&A로 인공지능의 세계를 조금 더 알아보겠습니다.*

Q. 생성형 AI는 챗GPT뿐인가요?
A. 챗GPT가 가장 유명하지만, 비슷한 생성형 AI로 구글의 제미나이 Gemini, 마이크로소프트의 코파일럿Copilot이 있습니다. 또한 한글에 최적화된 뤼튼Wrtn도 있고요.

Q. 종류가 많은데, 어떤 생성형 AI를 쓰는 게 좋을까요?
A. 특정 생성형 AI가 가장 좋다고 결론 내리기보다 목적에 따라 활용하면 좋습니다. 일단 챗GPT는 빠르게 소통이 가능한 GPT 3.5버전은 무료이지만 최신 정보를 참고하기는 어렵습니다. GPT 4버전은 월 20달러를 지불하는 대신, 많은 정보를 바탕으로 보다 정교하고 정확한 답변을 제공합니다. 구글 제미나이는 무료로 이용 가능하며 최신 정보를 반영합니다. 마이크로소프트 코파일럿 또한 무료로 최신 정보를 반영한 답변을 줍니다. 출처를 제공한다는 점이 가장 큰 장점으로 보이고, 질문을 하면 관련 질문 세 가지를 추가로 제시해 주기도 합니다. 마지막으로 뤼튼은 챗GPT 4버전을 무료로 이용할 수 있는 한국형 챗GPT라고 생각하면 좋습니다. 앞서 열거한 AI들은 정보를 한국어로 번역해 전달하므로 약간의 어색함이 묻어나지만 뤼튼은 자연스러운 한국어를 구사합니다.

Q. 추천할 만한 교육용 AI 도구가 있을까요?
A. 다음에 소개한 교육용 AI 도구를 체험해 보세요. 단순히 체험에 그치

---

* 이하 답변(A.)은 2024년 2월 기준으로 집필한 내용입니다.

지 말고, 각 도구에 AI의 원리가 어떻게 반영되어 있는지 생각해 보면 더욱 좋습니다.

■ Art Emotions Map: https://artsexperiments.withgoogle.com/art-emotions-map/
특정 감정과 관련한 여러 유명 예술 작품을 군집화해 전시하고 작품 해설 제시

■ AutoDraw: https://www.autodraw.com/
간단히 그린 그림을 깔끔한 일러스트로 표현해 줌. 채색, 텍스트 추가 및 내려받기 가능

■ Scroobly: https://www.scroobly.com/
애니메이션 캐릭터가 사람의 동작을 반영해 움직임

■ Seeing Music: https://creatability.withgoogle.com/seeing-music/
소리를 시각화해 표현해 주는 프로그램

■ Semantris: https://research.google.com/semantris
영어 단어 연상 게임 제공

비트겐슈타인Wittgenstein은 《논리철학논고》에서 "언어의 한
계가 세계의 한계를 의미한다"라는 명언을 남겼습니다. 언어
가 사람의 사고에 얼마나 중요한지를 단적으로 드러내는 문장
입니다. 언어는 세상을 바라보는 시각에 지대한 영향을 미칩
니다. 소쉬르, 촘스키와 같은 많은 학자들이 언어를 통해 인간
의 정신적 속성을 탐구했으며, 언어가 인간 정신의 실현, 혹은
창과 같다는 결론을 내렸습니다. 그렇다면 과연 한국 어린이,
청소년들의 정신의 창은 어떤 모양일까요? 아쉽게도 바람직
하지 못한 언어를 사용하는 아이들이 많습니다. 2014년의 한

기사에 따르면 교사 열 명 중 여섯 명은 매일 학생 비속어를 경험합니다.[13] 2018년의 또 다른 기사는 한국 학생 열 명 중 네 명은 매일 욕을 한다는 조사를 싣기도 했습니다.[14]

분위기를 바꾸는 말 한마디

예쁘게 말하는 아이에게는 특별한 능력이 있습니다. 세상을 아름답게 바라보고 표현하는 능력이지요. 고운 말은 아이 자신의 전인적 발달에 긍정적인 효과가 있을뿐더러, 타인에게도 도움이 됩니다. 예쁘게 말하면 듣는 사람에게 상처를 주지 않으니 자신의 감정을 더욱 효과적으로 전달할 수 있고, 이는 아이들의 자존감과 원만한 교우 관계에 지속적으로 영향을 미칩니다. 예쁜 말이 인간관계를 조율하고 갈등을 줄이는 데 큰 역할을 하기 때문입니다.

응원이나 상처를 주고받는 건 어른, 아이를 가리지 않습니다. 교사들도 종종 학생들의 말 한마디에 힘을 얻곤 합니다.

"선생님이 늘 행복했으면 좋겠어요."

영어 논술 수행평가를 채점하던 중에 발견한 메시지입니다. 순간 마음이 울컥했습니다. 담백한 한마디가 큰 감동과 마음의 위로를 주었지요. 다른 사람을 위하고 사랑하는 마음이 있으면 자연히 다정한 말이 나옵니다. 별다른 미사여구가 없어도 예쁘고 따뜻한 마음이 전해진다는 걸 누구나 느껴본 적이 있을 거예요.

함께 있으면 기분이 좋아지는 사람들이 있습니다. 긍정 에너지를 전파하는 방법이야 여러 가지 있겠지만, 그중 진심을 담은 말 한마디를 전할 줄 아는 건 사소한 듯하면서도 의외로 쉽지 않은 일입니다. 오랜만에 복도에서 마주친 주연이가 반가운 얼굴로 "선생님 오랜만이에요! 잘 지내셨죠? 이번 학기는 선생님 수업이 없어서 너무 아쉬워요"라며 살갑게 인사를 건넵니다. 주연이는 말 한마디로 주변 사람들까지 기분 좋아지게 만드는 재주가 있습니다. 외향적인 주연이는 다른 사람에게 적극적으로 다가가는 편이라 쉽게 눈에 띄지만, 내향적인 하늘이도 주연이 못지않습니다. 가만가만 친구들에게 든든한 버팀목이 되어줍니다. 성적이 잘 나오지 않아 낙담한 친구에게는 "괜찮아. 다음 시험에 성적 상승폭이 크면 더 좋지"라고 위로하고, 다른 친구와 사이가 멀어져 힘들어하는 아이에게는 "힘들 때 또 나한테 이야기해. 지금은 아주 힘들겠지만, 조금씩 나아질 거야"라고 조근조근 말하는 하늘이를 보면 외향적이고 활기찬 분위기를 내뿜는 아이들이 더 긍정적이지 않을까 하는 선입견이 그야말로 오해라는 걸 알 수 있습니다. 관건은 진심이 담긴 말로 마음을 잘 전달하는 것이지요.

인격 형성에 반드시 필요한 언어습관 교육

말에는 굉장한 힘이 있기에, 학교에서도 언어습관 교육을 대단히 중요하게 생각합니다. 말은 한번 나오고 나면 휘발성이 강하므로 즉각적인 피드백을 주어야 합니다. 아이 입에서 귀에 거슬리는 말이 나왔다면 즉각 "그 말은 상대방이 들으면 속상할 것 같아. 바꿔 말해줘."라고 교육합니다. 비속어를 사용하거나, 친구에게 욕하는 모습을 목격하면 즉시 주의를 주고요. 아무리 친한 사이라고 하더라도 비속어나 욕은 상대방의 기분을 상하게 하고, 마음에 상처를 줄 수 있다는 점을 충분히 설명합니다. 그래도 여전히 비슷한 모습이 반복될 때는 아이와 개별상담을 진행하고, 이후 부모님과도 함께 의논합니다. 비속어, 욕설 사용이 이미 습관이 된 아이에게는 더 많은 관심과 노력이 필요합니다. 잘못된 언어습관이 공격성과 폭력성으로 이어질 위험도 있기 때문입니다.

초등 아이들에게는 평소에도 수시로 활동지를 이용해 대화에서 상처가 되는 말과 상황에 적절한 말을 나열한 후 선택하기, 스스로 알맞은 말 적어보기 등의 방식으로 예쁘게 말하기를 지도하고 있습니다. 일상적인 교육으로 아이들은 어떤 말이 상대방에게 상처를 주는지, 또 어떻게 말해야 상대방을 존중하면서도 자신의 의견을 표현할 수 있는지를 고민하면서 말하는 습관을 들이게 되지요.

언어습관은 어릴 때부터 꾸준히 들여야 하므로 가정에서부터 가족 구성원 모두가 함께 노력해야 합니다. 예쁘게 말하기 위해서는 기본적인 언어 예절, 목소리와 톤, 상대방에 대한 존중, 이 세 가지에 유의해야 하지요. 항상 때와 장소에 맞는 적절한 톤으로 대화하도록 지도하고, 기본 예절을 지키지 않는 경우에는 즉시 피드백을 줍니다. 특히 어른이라고 해서 아이에게 명령하는 투로 말하거나 짜증을 표출해도 된다고 생각해서는 안 됩니다. 예절은 나이나 지위에 상관없이 지켜야 하니까요. 그것이 상대방에 대한 배려와 존중이기도 합니다. 물론 아이에게 좋은 모습만 보이기가 참 쉽지 않습니다. 그렇지만 아이는 부모가 사용하는 단어, 표현을 모두 듣고 무의식 중에 배웁니다. 부모가 평소에 비관적이고 부정적인 표현을 자주 하면 아이도 자연스럽게 비슷한 투로 말하지요. 아이의 말투에는 상상 이상으로 평소 가정의 분위기가 고스란히 투영된다는 사실을 꼭 기억해 주시기 바랍니다. 아이가 학교에서 좋지 않은 말투를 습관적으로 쓴다면 교우 관계를 원만하게 유지하는 데 어려움을 겪을 수 있습니다. 가끔 자제하기 힘든 순간이 오더라도 아이의 올바른 언어습관을 위해 신경 써서 말하도록 노력해야 합니다.

가정에서 아무리 노력해도 또래의 영향력이 큰 시기이다 보니 아이가 다른 학생들로부터 비속어나 욕설을 배워 오는 상황도 생길 수 있습니다. 가끔 그런 말을 쓰면서 친구 사이에 친근감을 표시하는 거라고 항변하는 아이들도 있는데, 평소 습관이 중요한 만큼 가볍게 넘기지 말고 교사들의 교육과 일관되게 바른 언어를 사용하도록 주의를 주시길 바랍니다. 이미 비속어나 욕설 사용에 익숙해진 이후에는 습관을 고치기가 굉장히 어려우니까요. 바른 언어습관은 아이 자신과 주변 사람의 자아존중감에도 긍정적인 영향을 미칩니다.

말은 마음을 비추는 거울

누군가의 말을 들으면서 '아, 말을 참 예쁘게 하는구나'라고 느껴지는 때가 있습니다. 저는 사소하더라도 좋은 것들을 많이 이야기하는 아이들의 말이 참 예쁘게 느껴집니다. 언어가 인간 정신의 실현이라면, 말을 예쁘게 하는 아이들은 분명 세상의 아름다움을 많이 찾아낼 줄 아는 능력이 있는 것이겠지요? 윤아는 늘 밝은 표정으로 다른 아이들의 좋은 점을 발견해 칭찬해 줍니다. 목도리를 하고 온 아이를 보면 "와, 참 부드럽고 폭신하게 생긴 목도리다! 너랑 잘 어울려!"라며 지나치지 않고 한마디를 건네고, 아팠다가 돌아온 아이가 있으면 "네가 없어서 도서관이 정말 휑했는데, 다시 밝아진 것 같아! 잘 돌아왔어!"라고 인사합니다. 선생님인 저에게도 좋은 점들을 찾아서 말해주곤 하는데, 윤아에게서 옷이 스타일에 어울려서 보기 참 좋다는 말을 들은 날은 하루 종일 입에 미소가 걸려 있었지요. 윤아의 예쁜 말은 대상을 가리지 않습니다. "우리 도서관 참 예쁘지 않아요?", "이번 행사 참 잘된 것 같아요!"라는 말 한마디 한마디를 들을 때마다, '정말 그런가?'란 생각이 들면서 이렇게 생각하는 아이에게 더 좋은 환경을 마련해 주고 싶다는 의지가 생깁니다. 윤아의 칭찬을 들은 아이들은 칭찬받은 부분에 자신감이 늘 것이고, 좋은 피드백을 들은 활동은 그 장점들을 기틀 삼아 다음번에 더 발전시킬 수 있습니다. 윤아 자신도 주변에서 매일매일 좋은 것들을 발견하며 자신의 마음에 긍정과 기쁨, 감사를 채우겠지요. 그야말로 예쁜 말이 주는 '상부상조'입니다.

'닭이 먼저냐 달걀이 먼저냐' 하는 문제처럼, 예쁜 말이 예쁜 생각에서 나올 수도 있고 그 반대의 순서일 수도 있습니다. '행복해서 웃는 것이 아니라 웃어서 행복하다'는 말도 있지요? 이처럼, 의식적으로 예쁜 말이 습관이 되게 노력하면 생각도 예뻐집니다. 예컨대 사소하지만 식사하기 전에 "잘 먹겠습니다", "감사합니다" 같은 말을 빼먹지 않는 일, 평소에 "즐거운 하루 보내세요", "감기 조심하세요"라고 인사를 건네는 일이 익숙해지면, 어느 날 기분이 좀 좋지 않더라도 습관처럼 자동으로 나오는 긍정적인 말에 말하는 사람도 기분이 풀리고, 듣는 사람에게도 부정적인 기분을 전파하지 않을 수 있습니다.

생각과 언어가 서로 밀접한 관계를 맺고 있다고 해도, 간혹 마음과 다른 말이 나오는 일을 피하기는 힘들지 모릅니다. 순간의 분노에 휩쓸려 충동적인 말이나 행동을 하는 일이 아예 없을 수는 없겠지요. 청소년기의 아이들은 홧김에 뱉은 말에 서로 상처를 주고 싸움으로까지 번지기도 합니다. 이런 상황이 생기지 않도록 조심하기 위해서도 평소에 좋은 언어습관을 들여놓아야 합니다. 이와 더불어 감정을 다스리는 것도 언어 사용에 영향을 미치므로 분노를 느낄 때는 마음속으로 숫자세기, 숨 고르기 등을 하면서 감정을 잠시 삭이고, 곧바로 말로 표현하고 싶은 충동을 참아내는 연습도 해야 합니다. 순간의 충동을 참지 못해 한 말이 자신에게는 후회로, 상대방에게는 상처로 남을 수 있으니까요.

앞서 이야기했듯, 언어습관 교육은 아이의 미래를 위해 대단히 중요합니다. 만약 올바른 언어습관을 들여야 하는 이유가 잘 설득되지 않는 아이가 있다면, 과학적인 근거를 들어도 좋겠습니다. 하버드 의대 연구팀의 마틴 타이커Martin Teicher 교수는 어린 시절 폭력적인 언어에 지속적으로 노출된 아이는 뇌의 뇌들보와 해마 부위가 위축된다는 결과를 연구로 밝혀냈습니다.[15] 뇌들보와 해마는 순서대로 각각 언어능력과 사회성, 감성과 기억에 관여하는 뇌 부위입니다. 언어습관이 비단 겉으로 드러나는 인간관계에만 영향을 미치는 것이 아니라 지능의 여러 측면, 나를 움직이는 뇌 자체에 큰 영향을 미친다는 사실을 깨닫는다면 아이에게도 좀 더 개선의 의지가 생기지 않을까요?

교육계에서도 학생 언어문화에 대한 관심이 높게 일고 있습니다. 2023년 교육부에서는 학생 언어문화 개선 캠페인을 진행하고, 누리집*을 개설했습니다. 연령별로 언어습관 자가진 단도구를 활용해 자신의 언어습관을 확인해 볼 수 있으며, 수업에 활용할 교육자료와 동영상, 훈화 자료집, 언어폭력 상황 시 언어 대응 방법을 담은 지도안, 언어문화 개선 공모전 수상 작 등도 열람이 가능하지요. 올바른 언어습관을 기르는 일에 관심 있는 학생과 부모, 교사 모두에게 유익한 자료들입니다.

언어는 인간이 세상에 자기를 내보이기 위해 사용하는 창입 니다. 그 창이 예쁘면 예쁠수록 창에서 바라보는 바깥 풍경도, 창이 달린 집의 모습도 예쁘고 빛이 날 것입니다. 우리 아이들 이 예쁘게 말하는 사람으로 자라 많은 사람에게 사랑받고, 늘 아름다운 세상 풍경을 보며 살아가면 좋겠습니다.

---

*   https://goodword.kr/

말하기를 주제로 한 추천 도서

_문서림

예쁜 말, 바른 말을 하고 싶다면
다양한 환경에서 언어를 접하고 사용하는 우리 아이들의 언어습관에 긍정적인 영향을 줄 수 있는 도서를 연령대별로 선정해 소개합니다.

■ 유아~어린이용

《좋은 말로 할 수 있잖아!》
김은중 글 | 문종훈 그림 | 개암나무
'어린이를 위한 가치관 동화' 시리즈의 아홉 번째 책으로, 말의 중요성을 깨우치게 도와주는 그림책입니다. 못된 말을 하던 주인공 "포포"는 어느 날 개구리가 되어버리고 난 뒤에야 자신이 평소에 했던 말을 되돌아보게 됩니다. 아이와 함께 읽으며 내가 던지는 말이 다른 사람에게 어떤 영향을 주는지 생각해 볼 수 있습니다.

《나에게 들려주는 예쁜 말》
김종원 글 | 나래 그림 | 상상아이

아이들이 일상 속 마주하는 상황에서 떠올릴 수 있는 예쁜 말들을 그림과 함께 전해주는 책입니다. 긍정적이고 다정한 말을 읽으며, 어떻게 생각하고 말하면 좋을지 배울 수 있습니다.

■ 초등학교 저학년~고학년용

《아홉 살 말 습관 사전: 학교생활 - 슬기로운 어린이로 자라는 28가지의 말 이야기》
윤희솔, 박은주 글 | 이황희(헬로그) 그림 | 다산에듀
현직 초등학교 교사가 집필한 도서로, 평소 아이들이 사용하는 잘못된 말 습관들을 짚어주며 바르게 말을 해야 하는 이유를 설명합니다. 활동지를 수록해 부모와 아이가 책을 보며 함께 활동하기에 좋습니다.

《예의 없는 친구들을 대하는 슬기로운 말하기 사전 1, 2》
김원아 글 | 김소희 그림 | 사계절
초등학교에 막 입학하는 아이들 눈높이에 맞춘 도서로, 또래 관계 및 학교생활에서 벌어질 수 있는 여러 상황에 어떻게 말하면 좋을지 안내해 줍니다. 그림과 함께 제시되는 다양한 조언은 새로 맞이하는 인간관계를 고민하는 아이들에게 적절한 격려가 될 것입니다.

《내 말 사용 설명서: 십 대를 위한 '생각하는 말하기'》
변택주 저 | 차상미 그림 | 원더박스
10대 아이들(5~6학년)을 대상으로 한 도서이며, "벼리"라는 아이의 질문에 할아버지가 답변해 주는 형태의 구성입니다. 말을 어떻게 하면 좋을지 고민하는 아이들에게 따스한 조언과 지침이 되는 내용을 담았습니다.

■ 청소년용

《10대, 우리답게 개념 있게 말하다: 모두의 언어 감수성을 높이는 슬기로운 언어생활》
정정희 저 | 맘에드림
24년간 국어교사로 일한 저자가 10대 아이들의 언어습관에 주목해, 어떤 배경으로 그러한 언어가 형성되었는지 알아봅니다. 언어 감수성의 중요성을 강조해, 사용하는 언어에 책임감을 되새기도록 도와줍니다.

《슬기로운 언어생활: 빠르게 변하는 세상에서 정확하게 쓰고 말하기》
김보미 저 | 푸른들녘
행복한 아침독서 추천도서. 청소년 대상의 언어 관련 교양도서로, 청소년들이 사용하는 언어의 실태를 짚어보며, 어떻게 정확하게 말하고 쓸 것인가 고민하는 계기를 제공합니다.

《고정욱의 말하기 수업: 하고 싶은 말을 정확하게 전달하는 법》
고정욱 글 | 신예희 그림 | 애플북스
'까칠한 재석이 시리즈'의 작가 고정욱이 청소년의 말하기 능력 향상을 위해 쓴 책. 말하기의 목적과 기능부터 시작해, 말하기 연습을 직접 해볼 수 있도록 예문을 제공하고 연습장도 작성할 수 있습니다. Q&A 형태로 구성해 읽기 수월합니다.

3부: 인용 및 참고문헌

1　Shannon, C. E., & Weaver, W., The mathematical theory of communication, Urbana, Illinois: University of Illinois Press, 1949.

2　김정기, 《소통하는 인간, 호모 커뮤니쿠스》, 일산: 인북스, 2019.

3　Emmons RA, *Thanks! How the New Science of Gratitude Can Make Happier*, Houghton Mifflin, 2007.

4　Emmons RA, McCullough ME (2003) Counting blessings versus burdens: An experimental investigation of gratitude and subjective well-being in daily life, J Pers Soc Psychology, 84, pp.377-389.

5　Emmons RA, *Thanks! How the New Science of Gratitude Can Make Happier*, Houghton Mifflin, 2007.

6　Danner DD, Snowdon DA, Friesen WW (2001) Positive emotions in early life and longevity: findings from the nun study, Pers Soc　　Psychology, 80, pp.804-813.

7　권선중, 김교헌, & 이홍석 (2006) 한국판 감사 성향 척도(K-GQ-6)의 신뢰도 및 타당도, 한국심리학회지: 건강, 11(1), pp.177-190.

8　Fredrickson, B. L., Gratitude, like other positive emotions, broadens and builds, In R. A. Emmons, & M. E. McCullough(Eds.), *The psychology of gratitude*, pp. 145-166, New York: Oxford University Press, 2004.

9　〈2020 어린이 미디어 이용조사〉(조사 분석 04-2020), 서울: 한국언론진흥재단, (2020).

10　상동.

11　정현선, 김아미, 박유미, 전경란, 이지선 & 노자연 (2016) 핵심역량 중심의 미디어 리터

러시 교육 내용 체계화 연구, 학습자중심교과교육연구, 16(11), pp.211-238.

12   상동.

13   뉴스1, 안준영, 〈교원 10명 중 6명, 매일 학생 비속어·은어에 시달려〉, (2014.10.07.)
     https://www.news1.kr/articles/1892049

14   송인걸, 〈어린이·청소년 10명 중 4명 "매일 욕한다"〉, 《한겨레》, (2019.10.19.)

15   이재웅, 〈어릴 적 심한 욕설 들으면 뇌까지 평생 상처 입는다〉, 《동아일보》, (2012.04.20.)
     https://www.donga.com/news/lt/article/all/20120420/45663549/1

더불어 즐거운
학교생활

CHAPTER 1

경청하는 아이

경청은 '기울 경(傾)'과 '들을 청(聽)'자를 사용하는 한자어로, 〈표준국어대사전〉에서는 "귀를 기울여 들음"이라고 정의합니다. 대화는 듣는 사람과 말하는 사람이 있어야 합니다. 말하는 사람에게 귀 기울여 주의 깊게 듣고 이해하며 존중하는 자세가 바로 경청이지요. 경청은 원활한 소통을 도모해 존중을 바탕으로 하는 올바른 관계 형성으로 이끌 수 있기에, 협력이 중요한 현대 사회에서 더욱이 중요한 덕목입니다. 경청을 상대방이 말을 할 때 단순히 침묵을 유지하는 것으로 이해하는 경우가 더러 있는데요, 하지만 경청은 상대방의 말과 거기에 숨은 의미, 세계관을 이해하려는 노력을 바탕으로 하는 적극적인 듣기입니다.

아이들이 다른 사람의 말을 경청하고 이해하면, 더 나은 상호작용을 할 수 있고, 이는 긍정적인 사회성 발달로 이어집니다. 2022년 한국화법학회에서 국내 초등학생 5~6학년 어린이들을 대상으로 진행한 연구 결과에 따르면, 경청은 예의 지키기, 공감능력, 또래 관계에 정적으로 유의한 영향을 미칩니다. 연구는 이에 따라 경청이 '공감'으로 가는 첫 관문이며 원만한 의사소통의 출발점임을 역설합니다.[1] 우리 아이들의 인성 교육이 효과를 보려면 경청에서 출발하는 원활한 의사소통은 선택이 아닌 필수이지요.

가정에서부터 올바른 대화습관을

가정에서부터 경청하는 아이로 훈육하는 것은 어쩌면 학교교육보다 더 기본적이고 중요합니다. 누구라도 일상에서 대화를 피할 수는 없으니까요. 혹시 때때로 너무 바쁘다는 이유로, 관심 있는 질문이 아니라는 이유로 아이의 말을 대충 듣거나 무시하는 경향이 있진 않나요? 시선은 컴퓨터나 스마트폰 화면에 가 있으면서 아이의 질문에 건성건성 대답하는 식으로 말입니다. 이런 대화습관은 아이에게도 그대로 전달됩니다. 따라서 대화 중에는 아이의 말에 귀 기울이고 있다는 의미로 시선을 아이에게 고정하고, 적절한 반응과 함께 진심으로 들어주어야 합니다. 이런 본보기를 통해 아이들은 자신의 의견이 존중받고 있다는 생각을 가지지요. 또한 아이의 이야기에 비판적으로 접근하고 싶을 때가 있더라도, 일단 개방적인 태도로 끝까지 경청해야 합니다. 다른 의견을 내고 싶다면 상대방의 말을 다 듣고 난 뒤에 이야기해야 한다는 걸 아이가 보고 배울 수 있도록 말이지요. 문장이 끝날 때까지 듣고 있다가 상대방이 무슨 말을 했는지, 무슨 의도로 말을 했는지 자신이 이해한 대로 정리하여 다시 진술하고, 그다음에 공감하거나 자신의 감정을 표현합니다. 특히 "아니야", "틀렸어"와 같이 부정적인 표현을 쓰며 말을 끊지 않도록 주의해야 합니다. 대화 중에 아이가 상대방의 말을 끊고 자기 의견을 제시하는 모습을 보이면 이야기를 다 들은 뒤에 자기 의견을 말하도록 지도해 주세요. 다른 사람의 말을 끊어야만 하는 긴급한 상황은 웬만해서 일어나지 않습니다. 아이가 의견을 제시하는 상황에서 다른 사람이 말을 끊는다면 기분이 어떨지 생각해 보도록 해주어야 합니다.

경청에 익숙해지도록 가정에서부터 일관된 대화습관을 실천해 주세요. 중요한 다른 할 일이 있다면 아이에게 미리 말하고, 너의 말을 더 잘 듣기 위한 선택이라는 이야기를 해주면 아이들은 부모가 자신의 말을 대충 듣지 않는다, 나를 소중하게 여긴다는 느낌을 받을 것입니다. 이렇게 존중받는 경험을 하면 다른 사람과의 관계에서도 같은 경험을 기대하게 되므로, 아이 스스로 상대방을 존중함은 물론, 자신에게 무례한 태도를 보이는 대화 상대가 있다면 어떻게 대처해야 좋을지도 알게 되지요. 이는 자존감과도 관련됩니다. 경청하는 자세를 통해 학교와 사회에서 아이들이 더욱 효과적인 의사소통 능력을 갖추고, 타인과 건강한 관계를 맺는 일에 자신감이 생깁니다.

경청의 기술을 배울 수 있는 수업과 활동

"경청이 소통을 원활히 하는데 중요한 역할을 한다면 그것은 경청이 적극적으로 언어적 표현 안에서 구현되었을 경우"[2]라는 분석이 있습니다. 경청을 하기 위해서는 동의, 맞장구, 되묻기 등의 전략이 수반되어야 한다는 뜻입니다.

중학교 교육공동체 대토론회가 있는 날입니다. 이번에는 하복 체육복 제작과 휴대전화 제출에 관한 안건이 상정되었습니다. 먼저 회의를 거쳐 하복 체육복을 제작하지 않기로 하고, 뒤이어 전교 회장이 휴대전화 제출 여부를 안건으로 상정한 배경을 설명하며 회의가 이어졌습니다. 한 학생이 큰 목소리로 말합니다.

"안녕하세요. 2학년 3반 유혜은입니다. 저는 휴대전화를 걷지 않았으면 좋겠습니다. 점심시간에 친구들과 사진도 찍고 자유롭게 휴대전화를 사용하면서 학교생활의 추억을 쌓고 싶기 때문입니다."

"네, 방금 유혜은 학생이 친구들과 추억 쌓기의 목적으로 휴대전화 제출에 대한 반대의견을 냈습니다. 이에 덧붙이실 의견 있는 분 있나요?"

"네, 저는 1학년 10반 임진우입니다. 저는 학교에서 휴대전화 사용이 허가돼서는 안 된다고 생각합니다. 휴대전화 제출을 의무화하고 있는 지금 시점에서도 수업 시간에 휴대전화 알림이나 전화벨이 울려 수업이 원활히 진행되지 않은 적이 있습니다. 교탁 옆 휴대전화 보관함에서조차도 누구의 휴대전화가 울린 것인지 찾기가 어려웠는데 만약 휴대전화를 걷지 않으면 선생님들이 수업 진행에 많이 힘드실 것 같습니다. 그리고 수업을 잘 들으려는 아이들에게도 큰 방해가 될 것 같다고 생각합니다. 또, (…)"

"네, 방금 1학년 임진우 학생이 휴대전화 제출은 기존대로 의무화해야 한다는 의견을 말해주었습니다. 그 근거로 수업 방해나 사이버 폭력에 대한 노출을 언급해 주었습니다."

의장인 전교 회장 은진이는 발언자들의 의견을 경청하고 자기의 말로 바꾸어 재진술하며 회의를 매끄럽게 이끌었습니다. 은진이의 적극적인 경청은 많은 사람들이 다양한 의견을 말하는 자리에서 원활한 소통을 이끌었고, 교육공동체 대토론회의 가장 중요한 목적인 교육의 주체로서 학생, 교사, 학부모의 목소리가 학교 현장에 충분히 반영되도록 도와주었지요.

학생부종합전형에 지원해 대입 면접을 보거나, 취업 면접을 볼 때는 면접관의 질문에 부합하는 답변을 하는 것이 가장 중요합니다. 평소에 경청하는 습관을 들여놓지 않으면 긴장되는 상황에서 상대방이 하는 말의 의도나 내용을 파악하기 어려울 수 있으므로, 수행평가에서도 경청하는 연습을 할 수 있도록 다른 학생의 발표에 귀를 기울이며 동료 평가에 참여하는 활동을 평가 요소에 포함합니다. 다른 학생의 발표를 귀 기울여 듣다 보면 '윤지는 인공지능 분야에 관심이 많구나. 전달하려는 내용을 자료에 잘 표현했네'와 같이 발표자의 강점을 파악하는 것은 물론, 미처 몰랐던 다양한 분야에 눈을 뜨고 새로이 탐색하는 계기가 되기도 하지요. 동료 평가에 잘한 점과 아쉬운 점을 구체적으로 작성하려면 다른 사람의 발표에 집중할 수밖에 없습니다. 그렇게 잘한 점과 아쉬운 점을 분석하다 보면 자기 평가를 진행할 때보다 객관적이면서 구체적인 의견을 작성할 수 있습니다. 동료 평가가 포함되는 수행평가 때 강준이가 인상적인 모습을 보여주었습니다. 조용히 적기만 하지 않고 "오, 아이디어 좋다!"라고 말하는 등 긍정적인 피드백을 즉각적으로 표현했지요. 이 분위기에 호응해 동료 평가에 참여하던 학생들도 하나둘 밝은 표정으로 칭찬과 격려의 피드백을 주던 모습이 기억에 남습니다. 다른 사람의 말에 귀를 기울이는 태도에서 더 나아가 적극적으로 반응을 보인 강준이는 반 아이들에게 '함께 대화하며 시간을 보내고 싶은 기분 좋은 친구'로 인정받았습니다. 이렇게 아이들이 교실에서 보여주는 훌륭한 모습은 학교생활기록부의 '행동 특성 및 종합의견, 세부 능력 및 특기사항'에 구체적으로 기록할 수 있는 좋은 사례가 됩니다.

학교에서는 수행평가, 대의원회 같은 활동 외에도 평소에 다양한 방식으로 경청과 관련한 인성 교육을 진행합니다.

- **키워드 요약하기:** 수업이나 발표가 끝날 때마다 학생들에게 들은 내용 중에서 기억에 남는 용어나 단어, 혹은 느낀 점을 발표하도록 합니다. 발표한 학생 다음 학생은, 앞선 학생의 말을 잘 듣고 있다가 그 발표를 요약, 반복해서 말한 다음 자신의 이야기를 합니다. 마치 '시장에 가면'이라는 놀이와 비슷합니다. 앞사람이 한 말을 경청하도록 하는 효과가 있습니다.

- **역할극과 시뮬레이션:** 역할극을 하며 경청하는 대화를 했을 때와, 경청이 이루어지지 않을 때의 대화 상태를 비교해 보고 각각의 경우 어떤 기분이 드는지 감정을 나누며 상대를 존중하는 경청의 기본을 배웁니다.

- **교육자료 활용:** 경청에 관한 책이나 이야기를 읽어주며 학생들에게 경청의 중요성을 알려줍니다.

- **비언어적 경청 기술 가르치기:** 경청에는 비언어적 의사 표현이 많이 사용됩니다. 몸짓, 눈맞춤, 표정 등의 비언어적 표현을 배움으로써 학생들이 여러 방식으로 다른 사람의 말에 집중하고 있다는 표현을 할 수 있게 됩니다.

경청의 더욱 발전된 형태인 '적극적 경청'은 언어적 메시지 뿐만 아니라 비언어적 메시지까지 모두 포함하여 상대에게 피드백을 되돌려주는 것을 의미하며,³ 이는 신뢰관계 구축에 있어서도 필수적임이 확인되었습니다.⁴ 친구, 선후배, 교사 등 다양한 구성원이 모인 학교에서 경청 교육이 꾸준히 이루어지면 아이들이 단체생활에서 경청의 중요성을 이해하고 자신의 일상생활과 학습에도 이를 적용할 수 있습니다. 그뿐만 아니라 경청 능력이 발달하면 사소한 오해나 불필요한 다툼을 미리 방지하고, 갈등이 발생해도 더 수월하게 해결할 수 있어 사회생활에도 크게 도움이 됩니다.

그리스 철학자 에픽테토스는 "인간의 귀는 둘인데 입은 하나인 이유는 말하는 것만큼의 두 배를 들을 수 있기 때문이다"라는 말을 남겼습니다. 타인과 의견을 교류할 때 제대로 듣는 일은 매우 중요합니다. "효과적인 소통의 시작은 말하는 것이 아니라 듣는 것에서부터 시작되고, 효과적인 소통의 성공 여부는 말하는 사람보다는 듣는 사람의 태도에 달려 있기 때문"⁵입니다. 귀 기울여 들으려면 자신의 견해를 우선 내려놓고 다른 사람의 말에 온전히 집중해야 합니다. 얼핏 쉬운 듯하지만 실현하기는 쉽지 않은 일이지요. 학교에서 교사로 일하며 아이들에게 여러 말을 전하게 되지만, 동시에 듣는 일이 너무나 중요하다고 느낍니다. 아이들의 말을 들어주는 과정을 통해 교육자로서 더 잘 알고 싶은 아이들 마음속을 좀 더 깊이 이해할 수 있고, 때로는 문제의 불씨를 미리 꺼줄 수도 있습니다. 아이들의 말을 주의 깊게 듣고 상황을 이해해 주면 관계 구축과 갈등 조정에 매우 효과적이지요. 아이들 간에도 마찬가지입니다. 교우 관계를 원활히 형성하고 갈등을 원만히 해결할 수 있도록 경청 능력을 기르면 학교생활이 더욱 즐거워집니다. 경청은 우리 아이들이 더욱 건강하고 긍정적인 방식으로 사회에 참여하도록 돕는 도구입니다.

CHAPTER 2

약속과 규칙을 잘 지키는 아이

매년 신학기가 되면 학급 회의를 해서 규칙을 정합니다. 의견을 표현하는 것을 좋아하는 아이들은 회의에 적극적으로 참여하지만, 의견을 제시하거나 발표하는 데 부담을 느끼는 아이들은 학급 회의에서도 소극적인 태도를 보이곤 합니다. 학년이 올라갈수록 회의에 적극적으로 참여하는 아이가 줄어들기도 하고, 학급 분위기에 따라 원활한 회의 진행이 어려운 상황이 생기기도 하고요. 그래서 더 의미 있는 학급 규칙을 만들어 보고자 새로운 시도를 했습니다. 우리 반 모두에게 '학급에 필요하면서도 내가 잘 지킬 수 있는 규칙' 한 가지와 '그 규칙이 필요한 이유'를 써 내도록 했지요. 제출한 내용을 검토해 보니 교실에서 다른 친구들과 함께 생활하면서 불편하다고 느낀 경험을 토대로 규칙을 제안한 점을 확인할 수 있었습니다. 아이들이 제안한 규칙 간에 공통점을 찾아 묶어서 표현을 다듬고 세부 규칙은 주제별로 분류해 학급 규칙을 완성한 다음, 다 같이 참여해 만든 규칙을 잘 지킬 수 있도록 모든 아이들에게 자기가 제안한 규칙 지킴이 역할을 부여했습니다. 이제 우리 반은 학급 규칙 지키기라는 하나의 약속을 모두가 공유하게 되었지요.

공동체에 필요한 약속과 규칙

'약속'이라는 단어는 단단히 맺은 실타래를 의미하는 '약(約)'과 끈으로 나무를 동여맨다는 뜻의 '속(束)'이라는 글자가 결합한 단어입니다. 둘 이상의 사람들이 미리 정한 일을 반드시 지키겠다는 의미를 담고 있지요. 약속은 사회적 신뢰를 바탕으로 이루어지고, 약속을 지키는 행위에는 개인의 책임과 도덕성이 반영됩니다. 한편 '규칙'은 사회나 집단에서 지켜야 할 기준이나 방식을 의미합니다. 규칙은 다양한 사람들의 입장이 충돌하는 상황에서 질서를 지키기 위해 상호 합의된 약속이므로 집단의 안전과 질서 유지에 꼭 필요합니다.

가정을 벗어나 학교에 다니면서부터 아이들은 지켜야 할 수 많은 규칙과 맞닥뜨립니다. 규칙을 왜 지켜야 하는지, 규칙을 지키면 무엇이 좋은지 궁금해질 법도 한데요, 학교규칙은 학생들의 학습 권리를 보장하고 잘못된 행동을 교정·제한하는 역할을 하여 더욱 즐거운 학교를 만드는 바탕이 되어줍니다.

가끔은 정해진 규칙에 따라야만 하는 것에 거부감이 느껴질 수 있습니다. 융통성 없이 규칙대로 행동하는 사람이 답답하게 생각될 때도 있지요. 규칙의 존재가 각자의 개성을 발현하는 데 방해가 되진 않을지 걱정스러울 수도 있습니다. 그렇지만 규칙은 결코 우리를 획일화하는 수단으로 작용하지 않습니다. 오히려 서로의 생각과 가치관을 조화롭게 아울러 아름다운 공동체를 만드는 데 기여합니다. 규칙을 따른다는 것은 곧 타인의 권리를 존중하고 모두가 만족할 수 있는 방향으로 행동하겠다는 다짐의 실천입니다. 즉, 공동체의 정신을 이해하고, 공동체 안에서 맺는 많은 관계를 소중히 하는 자세이지요. 이런 자세의 실천은 결국 나 자신에게도 이로움으로 돌아옵니다. 학교는 교복 착용부터 수업 시간 준수, 교사의 말 경청하기 등 다양한 규칙을 정해놓고 있습니다. 모두 교사와 다른 학생들에 대한 존중과 배려의 마음을 바탕으로 만든 규칙들입니다. 예컨대 교복을 잘 갖춰 입는 태도는 학생으로서 학교의 규칙을 성실히 따르겠다는 마음을 보여줍니다. 급식 시간에 한 줄로 서서 차례대로 배식을 기다리는 행동은 새치기가 다른 학생들에게 피해를 준다는 생각에서 출발하고요. 세세한 규칙을 따르는 게 번거롭고 가끔은 행동을 옥죄는 것 같아도, 규칙을 따름으로써 주변 사람들을 존중하고 사랑하며, 내가 속한 공동체가 평화롭게 운영된다고 생각하면 뿌듯한 마음이 들지요.

공감, 명확함, 일관성

약속과 규칙을 잘 지키는 아이로 길러내기 위해서는 먼저, 아이가 규칙의 필요성에 공감해야 합니다. 다른 사람들이 정해놓은 틀에 단지 수동적으로 순응할 뿐이라고 생각하면 규칙을 지키는 의미가 퇴색하겠지요. 아이와 함께 일상에서 간단한 규칙을 정하는 시간을 가져보세요. 시작점은 공감입니다. 가정이라는 공동체 안에서 가족 모두가 소중히 생각하는 가치를 이야기하며 공감대를 형성하고, 그러한 가치를 지키려면 어떻게 해야 할지 세부 규칙을 함께 세우는 것입니다. '정직'을 중요한 가치라고 여긴다면 어떤 상황이라도 절대로 거짓말을 하지 않고 솔직하게 말하기로 약속할 수 있습니다.

세세한 규칙이 많다고 좋은 것만은 아닙니다. 규칙은 되도록 명확해야 합니다. 규칙을 너무 모호하거나, 복잡하고 어렵게 만들기보다는 누구나 알 수 있는 간단한 내용으로 제시하거나 단계를 분명히 나누어서 제시하는 것이 효과적입니다. 예를 들어 도서관의 책을 정리하자는 내용으로 규칙을 정할 때 '책을 아무 곳에나 함부로 두지 마세요'라고 모호하게 이야기하지 말고, '선반 위에 책을 두지 마세요', '책은 북 카트 위에 올려 두세요'로 하지 말아야 할 일이나 해야 할 일을 뚜렷하게 정하면 규칙 준수 여부도 확실하게 파악이 가능하지요.

규칙을 일관성 있게 적용하는 노력 또한 중요합니다. 가정에서 첫째 아이에게 적용하는 규칙과 둘째 아이에게 적용하는 규칙이 별다른 이유 없이 다르다거나, 정말 어쩔 수 없는 상황이 아닌데도 규칙을 일관되게 적용하지 않고 잦은 예외를 두는 경우에 아이들은 혼란스러워합니다. 아이 스스로 자신이 지킬 규칙을 정하게 하면 꾸준히 지키고자 하는 의지가 생겨나 일관성을 유지하는 데 도움이 됩니다. 더욱이 초등 중학년 이후부터는 아이의 자율성을 점차 확대해 나가는 방향으로 교육이 이루어져야 합니다. 부모가 규칙을 강조한다고 아이들이 무작정 따르는 것도 아니고, 자신만의 생각이 중요해지는 시기이므로 아이가 스스로 규칙을 정하고 일관성 있게 따를 수 있도록 지켜봐 주면 좋습니다.

"도서관 마감합니다, 모두 자리를 정리하고 나가주세요!"

오늘도 도서부장 아윤이의 목소리가 도서관 안에 크게 울려 퍼집니다. 우리 학교 3학년 도서부장들은 예비종이 울리면 학생들에게 퇴실을 안내하는 유서 깊은 업무를 벌써 몇 대째 물려받아 하고 있지요. 아윤이의 목소리가 들리면 도서관에 있던 학생들 모두 앉은 자리에서 일어나 책을 두고 교실로 올라가는 것이 규칙입니다. 도서관은 교실과는 또 다른, 도서관만의 규칙이 있습니다. 읽은 책은 꼭 북 카트 위에 올려놓기, 다른 학생의 책 읽기 활동을 방해하지 말기, 도서관 안에서는 뛰어다니거나 큰 소리 내지 말기, 도서를 빌릴 때는 학생증을 꼭 지참하기와 같은 소소하지만 공간의 활용을 위해 필수적인 규칙들이 많습니다. 규칙의 수호자인 아윤이와 더불어 대부분 학생이 규칙을 잘 지켜주는 데에는 또래의 아이를 통해 규칙을 제시하는 것이 긍정적인 효과를 발휘하는 덕분도 있습니다. 아이들의 눈높이에서 이해할 수 있는 명확한 규칙을 만들고, 공감대를 형성하기 좋은 또래 가운데 지킴이를 지정하면 친구와의 약속을 지킨다는 생각을 갖게 되지요. 어른이 그저 규칙이니 따라야 한다는 말로 아이들을 다스리려 하면 자칫 명령처럼 느껴질지도 모릅니다. 규칙을 지킴으로써 수고하는 친구 또는 선배인 아윤이에게 도움을 주고 공동의 공간이 질서 있게 유지된다는 공감대가 생기면 아이들이 자발적으로 일관성 있게 규칙을 지켜나가려는 모습을 보여줍니다.

약속과 규칙을 잘 지키는 아이로 키우기 위해서는 학교와 가정에서의 인성 교육이 상호 보완되어야 합니다. 학교에서는 사용한 물건을 제자리에 놓자는 규칙을 정해 지도하는데 가정에서 "그냥 둬. 엄마가 치울게"라고 하는 일이 있다거나, 아이가 편식하지 않기로 부모님과 약속해 놓고 학교에서는 엄마 아빠가 보고 있지 않으니 지키지 않아도 된다고 생각한다면 약속이나 규칙에 아무런 의미가 없어지겠지요.

특히 규칙은 공동체의 구성원들이 서로에게 상호 존중과 이해를 표현하는 방법의 하나이기도 합니다. 학교는 사회의 축소판이라는 말이 있습니다. 더불어 생활하는 과정에서 다수의 편의를 위해 만들어진 규칙의 필요성을 마음으로 이해하고 서로에게 지켜야 할 선을 파악하는 기준으로 삼아 약속을 이행하려 노력하다 보면 가정에서는 마냥 아기 같던 아이들도 사회성이 발달하고 훌쩍 자라납니다. 만약 아이가 학교생활을 이야기하는 중에 집에서 정한 약속이나 학교 규칙에 어긋나는 행동을 한 점을 파악했다면 약속이나 규칙은 보는 눈이 없어도 지켜야 하는 것임을 일러주고, 규칙을 지키지 않았을 때 생길 수 있는 문제를 가르쳐주어야 합니다. 나만의 편의를 위해 규칙을 지키지 않으면 다른 사람에게 피해를 줄 수 있다는 점, 반대로 다른 사람이 규칙을 지키지 않음으로 인해 나 역시 피해를 입을 수 있다는 점을 아이 스스로 인지하면 규칙이 마냥 불편한 족쇄처럼 느껴지지는 않을 것입니다. 약속과 규칙을 지킴으로써 집에서도 학교에서도 더욱 즐겁게 지낼 수 있다는 점을 이해하면 아이에게 책임감도 생기지요. 가정과 학교에서 일관된 약속과 규칙을 만들어 지킨다면 누구와도, 또 어느 곳에서도 약속을 소중히 여기는 책임감 있는 아이, 타인을 배려하고 공동체를 위할 줄 아는 아이로 많은 이들에게 선한 영향을 전하는 사랑둥이가 될 것입니다.

CHAPTER 3

공동체를 사랑하는 아이

"어머, 어떡해! 대진이 넘어졌다."

체육 축제 이어달리기 결승의 순간입니다. 1등으로 달리고 있던 대진이가 세게 넘어져 두 번째로 달리던 민준이가 따라 잡을 기세입니다. 이때 민준이가 대진이 옆에 우뚝 멈춰 서더니 손을 내밉니다. 고개를 든 대진이가 민준이의 손을 잡고 일어섰습니다.

"에? 저게 뭐야! 민준이가 대진이 업어 간다."

승부욕이 강한 중학생 아이들에게 믿을 수 없는 일이 일어났습니다. 1등을 할 수 있는 기회보다 넘어진 친구에게 손 내밀기를 택한 민준이는 결국 대진이와 어깨동무하며 공동 1위로 달리기를 마무리했지요. 아이들 모두 감격해 환호의 박수를 쳤습니다. 대진이가 넘어진 것은 민준이에게 너무나 좋은 기회였을지도 모릅니다. 큰 격차로 1등을 할 수도 있었지요. 하지만 친구를 사랑하고 '나'만이 아닌 '함께'라는 가치를 소중히 여겨온 민준이는 그 짧은 순간에도 혼자만을 위한 판단을 내리지 않고 아름다운 동행을 실천했습니다.

춤 솜씨가 뛰어난 진희는 합창 대회에서 율동 창작을 맡았습니다. 노래에 맞추어 율동해야 하는 상황에서 노래 중간에 대열이 움직이는 구간도 있어, 춤에 서툰 몇몇 아이들이 난처해했습니다. 진희는 최대한 이해하기 쉽게 율동을 알려주고, 참여하는 아이들이 모두 소화할 수 있도록 고심해 동선을 간소화해 주었습니다.

이렇게 단체로 참여하는 활동이나 행사에서 유독 빛이 나는 아이들이 있습니다. 단체 구성원과 함께 나아가는 방향으로 뛰어난 실력을 발휘하는 아이들 덕에 생각지도 못했던 의미 있는 순간을 마주하곤 합니다. 체육 대회, 합창 대회 같은 모두의 행사를 준비하는 과정에서 실력이 뛰어난 누군가가 자기 의견만 내세우거나, 오로지 승리만을 위해 팀원들을 다그친다면 어떻게 될까요? 말하지 않아도 결과가 그려지지요. 반면에 시간이 좀 더 걸리더라도 다 같이 나아갈 수 있도록 서로 격려하고 응원하면 결과와 상관없이 함께 해냈다는 뿌듯함을 느낄 수 있습니다.

개인과 공동체의 상관관계

2010년 한국청소년정책연구원 연구보고서에 따르면, "사회적 상호작용을 비교한 조사결과에서 한국 청소년들은 36개국 중 35위를 차지하였고, 관계 지향성(참여)과 사회적 협력(신뢰)이 매우 낮은 수치"[6]를 보였다고 합니다. 문화, 신념, 가치관 등을 공유하는 공동체 안에서 개인은 일체감과 안정감을 느끼고, '우리'라는 의식을 가질 수 있습니다. 이러한 공동체 의식은 개인의 삶과는 아무런 관련이 없을 것 같지만, 의외로 중요합니다. 수입이나 GDP 등 정량적 수치 이외에, "자신의 삶을 사회적 상황에 비교하여 내리는 개인적 평가"[7]가 삶의 질이라는 분석 결과가 있습니다. 사람은 공동체 안에서 자신의 위치에 대해 관심을 가지고 그에 따라 성취감과 행복을 느낀다는 것이지요.

공동체의 존재가 사회는 물론 개인에게도 많은 이점을 제공하므로, 인간은 어떤 형태이든 공동체에 소속되어 있을 때 안정감을 느낍니다. 우리는 이런 감정을 '소속감'이라고 합니다. 따라서 아이들이 공동체를 사랑하는 마음으로 소속감을 느낄 때, 보다 건강하고 행복한 사회생활을 할 수 있습니다. 그렇다면 공동체를 사랑하는 마음은 어디에서 올까요? 공동체에 대한 긍정적인 경험이 많을수록 아이는 그곳이 자신에게 도움을 주는 따뜻하고 안전한 공간이라는 신뢰를 느낍니다. 무엇보다 아이를 존중하고 호의적으로 대하는 어른들의 태도가 긍정적인 환경 조성에 매우 중요하겠지요. "교사가 아동에게 관심을 가지고 신뢰하며, 아동이 결정을 내릴 때, 다양한 방식에서 생각해 보도록 격려하며 개방적인 의사소통을 보일수록 아동의 공동체 의식은 높았"[8]습니다. 비단 교사뿐만 아니라 아이와 상호작용하는 다른 모든 어른들도 이러한 태도로 아이에게 소속감을 제공한다면 공동체에 대한 긍정적인 경험을 줄 수 있지 않을까요?

가장 가까운 공동체, 가족

아이가 처음으로 공동체를 사랑하는 방법을 배울 수 있는 곳은 작지만 가장 가까운 공동체인 가족이지요. 가정에서의 경험은 그래서 더 중요합니다. 보통 공동체성은 구성원 간의 친밀도가 큰 영향을 끼칩니다. 가족의 친밀도를 높이는 데에는 대화만한 것이 없습니다. 공동체 의식을 기를 수 있는 영화를 보면서 아이와 대화를 나눠보면 어떨까요? '토이 스토리' 시리즈는 한집에 사는 장난감들의 모험과 우정을 통해 공동체성을 이야기합니다. 〈인사이드 아웃〉은 인성 교육자료로도 유명한 영화로, 아이들이 자신의 감정을 잘 이해할수록 사회 적응력이 높아져 공동체를 편안하게 인식하게 되지요. 가족과 공동체의 중요성을 따뜻하게 그려낸 〈코코〉도 빠질 수 없는 추천 영화입니다. 더불어 게임이라고 무조건 금지할 것이 아니라, 아이와 게임을 함께하며 대화의 물꼬를 터도 좋습니다. '마인크래프트'는 많은 초등 어린이들이 그들만의 문화를 만들고 소속감을 느끼는 게임이므로 실제로 하지 않더라도 어느 정도 지식이 있으면 좋고, '동물의 숲'은 플레이어가 자신의 마을을 관리하고 동물 주민들 간에 협력하는 과정에서 자연스럽게 공동체 의식을 기를 수 있어, 아이들에게도 추천할 만합니다.

가족 단위로 봉사활동에 참여하는 것도 좋습니다. 아이가 개인으로 봉사활동을 하는 경우도 있지만, 초등학생 시기에는 가족이 함께 참여하면 더욱 효과적입니다. 사회성이나 협동심 발달, 책임감이나 공동체 의식 강화와 같은 이유 외에, 무엇보다 아이와 가장 가까운 부모가 봉사의 의미는 꼭 금전적인 보상에 있지 않다는 걸 몸소 보여줄 수 있고, 대단한 능력이 있어야만 사회에 기여하는 것은 아니라는 점을 아이 곁에서 알려줄 수 있기 때문입니다.

인생을 살아가다 보면 혼자서는 해결하기 어려운 문제가 생기기도 하지요. 평소에 다른 사람들과 도움을 주고받는 일에 익숙하지 않은 사람은 도움이 필요한 순간에도 혼자 끙끙대며 어려움을 겪을지도 모릅니다. 부모가 주변 사람들과 도움을 주고받는 모습을 보고 자라면 아이도 주변 사람들에게 베풀며 행복을 느끼고, 자신이 도움받을 일이 생겼을 때 용기 내 주변에 도움을 요청하고 이를 고맙게 받아들일 수 있을 것입니다. 어릴 때부터 공동체 단위로 사고하고 행동하기는 쉽지 않습니다. 아이가 자라며 점차 자기중심적인 사고에서 벗어날 때부터, 다른 사람에게 도움의 손길을 먼저 내밀 수 있도록 곁에서 양육자의 응원이 필요합니다. 친구에게 공부 방법을 알려주거나, 학급 임원으로 열심히 봉사하는 아이에게 "대견하다", "기특하다" 칭찬해 주면서 아이가 넓은 시야로 세상을 바라볼 수 있도록 길잡이가 되어주세요.

학생들의 공동체는 역시 학교

아이들이 본격적으로 사회생활을 시작하는 곳은 학교입니다. 자기와 다른 환경에서 자라온, 다양한 개성을 가진 또래를 마주하는 공간이지요. 학교에서 아이들은 역동적인 상호작용을 통해 '나'라는 좁은 시야에서 '너'라는 관점으로 폭을 확장하여 상황을 이해하고, '우리'라는 공동체까지도 생각하는 조망 능력을 형성하게 됩니다. 학교에서 공동체 의식을 함양하는 데에는 인간관계의 질이 주요한 변인으로 작용합니다. 교사와 또래 학생과 좋은 인간관계를 형성한 학생들은 공동체 의식이 높았습니다.[9] 학교에서 이루어지는 체험활동, 봉사활동, 자치활동 등 타인과 교류하는 활동 또한 유의미한 영향을 미치므로, 우리 아이가 소속감과 공동체 의식을 누리기를 원한다면 아이에게 학교 동아리 활동에 참여해 보자고 격려하거나 봉사에 대한 긍정적인 인식을 심어주고 함께 활동해 보는 것도 좋겠습니다.[10]

자신이 속한 집단에 애착과 사랑을 느끼는 아이들의 모습을 보면 마음이 뿌듯합니다. 도서부를 운영하며 아이들의 그런 모습을 종종 발견하지요. 행사 홍보물을 출력해 두면 도서부 아이들이 삼삼오오 선뜻 달려옵니다.

"선생님, 그거 이번 행사 포스터예요? 그거 반에 전부 붙이고 오면 되죠? 다녀오겠습니다!"

도서부 행사 홍보도, 부원 모집도 알아서 열심입니다.

"선생님! 우리 반에 소문 퍼트렸어요. 이번 행사 꼭 오라고 말하고 다녔어요!"

"선생님! 내년 도서부 모집 언제 해요? 제 친구 중에 일 잘하는 애가 있는데 내년에 하고 싶대요!"

공동체를 사랑하는 사람들은 부정적인 감정은 적게 느끼고, 반사회적인 행동과 공격성이 적습니다.[11] 공동체 의식이 높은 사람들은 어린 시절 학대를 받은 경우에도 정신적 외상과 그 여파를 크게 겪지 않는 모습을 보입니다.[12] 도서부를 사랑하는 아이들이 밝고 긍정적이며 협력이 잘되는 데에는 역시나 이유가 있는 것이지요.

고등학생이 되면 학업에 중점을 두다 보니 각자 공부에 매진하느라 주변을 돌아볼 여유가 없다고 느낄지도 모릅니다. 하지만 공부의 무게가 아이들의 마음을 각박하게 만드는 것은 누구도 원치 않는 일이지요. 그래서 학급 내에서 각자 자신 있는 분야의 멘토를 맡고, 관심 있는 분야의 멘티가 되어 교류하는 활동을 마련했습니다. 특정 과목에 자신 있는 아이는 해당 과목의 멘토를 맡기도 했고, '발표 잘하는 방법', '노래 추천' 분야의 멘토를 맡은 아이도 있었습니다. 자신이 멘토로 활동하고자 하는 분야, 멘티로서 도움을 받고 싶은 분야를 정리해 게시판에 공유하고, 이 자료를 토대로 서로 뜻이 맞는 파트너와 함께 틈틈이 멘토링 활동을 진행했지요. 한 학기 동안 학급 멘토링을 하고 나자 아이들은 "친구들의 고민을 들어주고 함께 극복해 나가는 과정이 뿌듯했다", "멘토로서 따로 시간을 내어 수학을 알려주고, 멘티로서 책을 추천받으면서 서로 도움을 주고받는 행복을 느꼈다", "평소에는 쉽게 하지 못했던 이야기를 친구들과 나눌 수 있어 재미있었다" 등으로 공동체와 교감한 즐거움을 표현했습니다. 온통 공부만 한 기억보다 멘토에게 도움을 받아 고마운 마음, 멘티에게 도움을 주어 기쁜 마음이 학창 시절의 추억으로 더 오래 남지 않을까요?

혼밥이 유행하는 시대입니다. 다른 사람과 소통하고 공동체에 속하는 자체를 어렵거나 불필요하게 느끼는 사람들이 늘어간다고 합니다. 특히 코로나19가 휩쓸고 간 뒤로는 사회적 거리두기로 인해 마음의 거리도 멀어졌지요. 그럼에도 불구하고 우리는 지구라는 공동체 안에서 함께 살아가는 이웃입니다.

범세계적 문제인 대기오염, 전염병, 이상기후, 자연 재앙, 전쟁 등은 전 지구공동체 주민들이 협력해야만 해결할 수 있습니다. '조망수용능력'이 필요한 큰 이유입니다. 조망수용능력이란 자기의 관점에서 벗어나 다른 사람의 입장에서 생각하고 행동하는 능력을 말하는 것으로,[13] 조망수용능력을 기르기 위해서는 아이들이 사건을 다양한 시각에서, 여러 이해관계자들의 입장에서 바라볼 수 있어야 합니다.

공동체를 생각하는 삶의 핵심은 사회에는 '나'뿐 아니라 '너'도 있고, '너'와 '나'를 포괄하는 '우리'가 있으며, '우리'와 관계없지만 지구촌 안에 공존하는 '그들'도 있고 우리가 함께 엮여 있는 '상황'이 있다는 것을 생각하며 살아가는 자세입니다. 개인의 삶은 사회적 상황과 완전히 분리될 수 없으므로 행복과 자아의 실현을 위해서는 공동체의 안정이 동반되어야 합니다. 사회의 안녕은 개인에게도 반드시 긍정적인 영향으로 돌아오지요. 공동체 안에서 다른 사람과 함께 성장하는 방법을 익히며 자란 아이는 사회에 진출하여 더 훌륭한 공동체를 이끌어 갈 힘을 발휘할 수 있을 것입니다.

TIPS

학생부종합전형 공동체 역량 분석

_박경영

대학들은 무엇으로 공동체 역량을 평가할까?

학생부종합전형은 수도권 지역 중·상위권 대학에서 가장 많은 인원을 선발하는 전형입니다.[14] 정부가 발표한 2028학년도 입시 개편안에 따라 대학수학능력시험에서 선택과목을 없애고 심화수학을 도입하지 않게 되면 대학 입시에서 학교생활기록부의 중요성은 더 커질 가능성도 있습니다.[15] 대학마다 구체적인 평가 기준은 조금씩 다르지만, '공동체 의식', '공동체 역량'은 공통적으로 나타납니다. 학생부종합전형에서 가장 중요한 평가 기준은 우수한 학업능력이라고 할 수 있지만, 학업능력이 비슷한 두 지원자가 있다면 대학에서는 공동체 의식, 공동체 역량을 갖춘 학생을 선발하고자 할 것입니다. 서울대 학생부종합전형 안내 자료와 건국대, 경희대, 연세대, 중앙대, 한국외대의 공동연구 자료를 토대로 학생부종합전형에서 공동체 의식, 공동체 역량을 어떻게 평가하고 있는지 살펴보겠습니다.

서울대학교가 지향하는 가치를 실천할 수 있는 인재의 모습에 '사회적 약자에 대한 배려심과 공동체 의식을 가진 학생'이 있습니다. 해당 학교의 학생부종합전형 평가 기준에는 학업능력, 학업태도, 학업 외 소양이 있는

데, 이 가운데 학업 외 소양에서 좋은 평가를 받기 위해서는 '바른 인성과 공동체 의식을 지니고 나눔을 실천할 수 있는 학생인가?'를 학교생활을 통해 드러내는 것이 필요합니다. 임원 활동을 한 것만으로 학생부종합전형에서 좋은 평가를 받을 거라 기대하는 학생도 있습니다. 물론 학교생활기록부에 학생회 임원, 학급 임원으로 활동했다는 사실이 기재되지만, 구체적인 역할과 활동 내용이 질적으로 우수한지가 훨씬 더 중요합니다.[16] 임원으로 활동한 적은 없더라도 어려움을 겪는 친구들에게 먼저 다가가 도움을 주거나, 모둠활동을 통해 팀원들을 이끌어가며 우수한 결과물을 낸 사실이 학교생활기록부에 구체적으로 드러난다면 학업 외 소양에서도 좋은 평가를 받을 수 있을 것입니다.

2021년 건국대, 경희대, 연세대, 중앙대, 한국외대는 학생부종합전형 공통 평가요소 및 평가항목으로 학업 역량, 진로 역량, 공동체 역량을 제시했습니다. 이 중 공동체 역량은 공동체의 일원으로서 갖춰야 할 바람직한 사고와 행동을 의미합니다. 공동체 역량의 평가 항목으로는 '협업과 소통능력, 나눔과 배려, 성실성과 규칙 준수, 리더십'이 있습니다.

• **협업과 소통능력:** 공동체의 목표를 달성하기 위해 협력하며, 구성원들과 합리적인 의사소통을 할 수 있는 능력

- 단체 활동에서 서로 돕고 함께 행동
- 구성원과 협력하여 공동의 과제를 수행
- 타인의 의견에 공감하고 수용하면서 자기 생각과 정보를 잘 전달하는지를 평가

- **나눔과 배려:** 상대방을 존중하고 이해하여 원만한 관계를 형성하며, 타인을 위하여 기꺼이 나누어주고자 하는 태도와 행동. 상대방의 처지를 헤아리고, 다른 사람을 존중하며 배려하는 모습을 학교생활에서 실천한다면 좋은 평가를 받을 수 있다.

  - 학습 멘토로서 자기 능력을 나누고 동료의 성장을 도움
  - 자기보다 어려운 처지에 있는 상대나 사회 문제에 관심을 보이며 나눔을 실천
  - 교내 활동에 자발적으로 참여하여 봉사하는 경험
  - 상대의 요구, 의견이나 가치관이 충돌하는 상황에서 자기 이익과 손해만을 고려하기보다는 공동체와 함께 성장할 수 있도록 노력한 경험

- **성실성과 규칙 준수:** 책임감을 바탕으로 자기 의무를 다하고, 공동체의 기본 윤리와 원칙을 준수하는 태도. 학교폭력 가해 관련 내용이 기재되는 등 공동체의 규칙을 준수하지 않은 점이 학교생활기록부에 드러난다면 평가에 반영될 수 있다. 혹시 규칙을 준수하지 않은 점이 학교생활기록부에 기재되더라도 학생부종합전형에 지원할 기회가 사라졌다고 여기기보다는 잘못을 인정하고 개선하는 노력이 필요하다.

  - 교내 활동에서 맡은 역할에 최선을 다하기 위해 노력한 경험(역할의 규모를 떠나 맡은 일에 책임감을 보였는지가 중요)

• **리더십:** 공동체의 목표 달성을 위해 구성원들의 상호작용을 이끌어가는 능력. 구성원이 좋은 리더로 인정하고, 리더의 의견을 따르는 모습이 학교생활기록부에 나타난다면 긍정적으로 평가될 수 있다.[17]

> - 공동체의 목표 달성을 위해 계획하고 실행한 경험
> - 학생회장, 학급회장, 동아리부장을 맡아 실질적으로 구성원을 움직인 경험
> - 구성원의 인정과 신뢰를 바탕으로 참여를 이끌어내고 조율한 경험

공동체 의식, 공동체 역량을 갖춘 아이는 대학교에 진학하고 더 큰 배움을 얻어, 인성과 지성을 두루 갖춘 인재로서 사회에 선한 영향력을 행사하는 리더가 될 것입니다. 우리 아이들이 자기 이익과 성공만을 생각하기보다는 주변을 살피고 공동체와 더불어 성장할 수 있도록 가정 교육과 학교 교육이 힘을 모아야 할 때입니다.

CHAPTER 4.
다정한 아이

어쩐지 세상이 다정함에서 점점 멀어지고 있는 듯합니다. 인터넷을 포함한 커뮤니케이션 매체의 발달에 따라 소통의 수단은 많아졌지만, 그만큼 다양한 이해관계에 놓인 사람들이 서로 미워하고 증오하는 마음을 표출하기도, 거기에 노출되기도 쉬워졌습니다. 글을 쓰고 있는 지금, 중동의 땅에서는 전쟁이 벌어져 하루에도 수백 명의 사람들이 목숨을 잃고 있습니다. 세대 갈등, 성별 갈등과 같은 대립이 쉴 없이 일어나고 있는 현재, 우리에게 절실히 필요한 가치 중 하나가 바로 다정함이 아닐까요?

다정함은 단순히 타인에게 친절을 베푸는 것 이상의 의미를 지닙니다. 학교에서는 다정함을 '타인에 대한 배려, 공감의 표현, 자신과 타인에 대한 존중'이라고 정의합니다. 그리고 이 세 가지를 동시에 기르기 위해 다양한 활동을 진행하지요. 친절하고 다정한 말이 담긴 메모를 적어 교실 곳곳에 붙이고, 예고 없이 다른 반 친구들에게 전달하는 작은 이벤트를 한 적이 있습니다. 평소 친한 친구끼리야 얼마든지 주고받을 수 있는 말이겠지만, 예상하지 못한 대상이 친절하고 다정한 말을 건네면 훨씬 더 강렬하게 기억에 남을 때가 많으니까요. '친구에게 들으면 기분 좋은 다정한 말, 부모님께 들으면 기분 좋은 다정한 말, 선생님께 들으면 기분 좋은 다정한 말'과 같은 시리즈를 구성한 후 아이들이 모은 기분 좋은 말을 인쇄해 색칠하고 교내 여기저기에 붙여두는 활동을 하기도 했습니다. 아이들이 다정한 말을 눈으로 확인하며 마음속에 새기길 바라는 마음으로 말이지요.

일상의 다정함은 부모로부터

아이의 마음을 헤아리는 부모의 따뜻한 말 한마디는 그 무엇보다 큰 힘이 됩니다. 좋은 성적을 얻어서 받는 칭찬도 좋지만, 좋은 성적을 얻기 위해 노력하는 모습을 칭찬받으면 아이는 '엄마 아빠가 나를 알아주는구나'라고 느낄 겁니다. 진심으로 응원하고 아끼는 마음은 아이의 마음에도 오래도록 남을 거고요. 아이에게 직접 건네는 따뜻한 보살핌과 더불어, 주변 사람들에게 호의를 베푸는 모습을 보여주면 아이 역시 주변을 챙기는 다정한 마음씨를 지니게 됩니다. 소외되는 친구에게 "우리 같이 놀까?"라고 제안하고, 표정이 좋지 않은 친구에게 "무슨 일 있어? 힘들어 보인다"라고 이야기를 꺼내려면 먼저 주변을 세심하게 돌아볼 줄 알아야겠지요. 나 자신뿐 아니라, 나를 둘러싼 환경에도 다정한 시선을 보낼 수 있도록 좋은 본보기가 필요합니다.

　교육용 서적으로 유명한 미국의 출판사 스콜라스틱Scholastic은 공식 누리집에 다정한 아이로 키워내는 열세 가지 방법을 소개하고 있습니다.[18]

1. 아이가 스스로 다정한 아이가 될 수 있다는 자신을 주어라.
2. 아이가 본받을 수 있는 긍정적 행동을 수행하라.
3. 아이를 존중하라.
4. 아이가 다른 사람의 표정에 주의를 기울이도록 코칭하라.

5. 다른 사람들을 대하는 태도가 자신과 무관하지 않다는 점을 상기시켜라.

6. 무례한 행동은 그냥 넘기지 말고 지적하라.

7. 상냥한 행동을 바로 인정하라.

8. 다름에 대한 아이의 인식이 행동에 작용한다는 것을 이해하라.

9. 자녀가 매체에서 습득하는 다양한 메시지에 민감하라.

10. 다른 아이에게 별명을 붙이며 놀리거나 소외시키는 것이 신체적 폭력을 행사하는 것만큼이나 아플 수 있다는 것을 지도하라.

11. 가족 안에서 아이들끼리 서로 경쟁을 붙이는 일을 삼가라.

12. 도움이 필요한 사람에게 도움을 건네는 모습을 보여라.

13. 아이들에게 인내심을 발휘하라.

이 목록에서도 볼 수 있듯 다정한 아이로 자라는 데 부모가 미치는 영향력은 매우 큽니다. "'옳은' 일을 설명해 줄 뿐만 아니라 공감해 주고 보살펴 주고 따뜻한 행동의 본을 보이는 부모들은 거칠고 엄격하거나 냉혹한 부모들보다 자녀를 더 친사회적인 아이로 기른다"[19]고 합니다. 따라서 가정에서부터 늘 아이가 감사와 사랑을 표현할 수 있도록 가르쳐야 합니다. 부탁이나 요청을 할 때 상대방의 기분이 상하지 않게 정중한 말

씨와 태도를 갖추고, 책이나 뉴스 등을 보면서 그 상황에 놓인 대상의 감정은 어떨지 생각해 볼 수 있도록 상황극을 해보아도 좋습니다. 배려의 말과 행동을 몸에 익히는 연습이지요. '기쁨을 나누면 두 배가 되고 슬픔을 나누면 반이 된다'는 말은 다정함으로 서로의 마음이 따뜻해지는 선순환을 함축적으로 표현합니다. 다정함이 건강하고 올바른 인간관계를 형성하며 선순환하는 행복을 우리 아이들이 느낄 수 있다면 지켜보는 어른들도 함께 행복해질 거예요.

따끈따끈 마음을 데우는 다정함의 온도

다정함은 어린아이들에게서 더욱 눈에 띄는 아주 기본적이면서도 중요한 인성 특성 중 하나입니다. 다정한 행동이 일상화된 아이들은 대부분 더 긍정적인 정서경험과 더 높은 생활 만족도를 보이지요. 다른 사람의 처지를 이해하고 부드럽게 융화될 수 있는 다정한 사람의 능력은 타인과 연대를 가능케 하며, 정신 건강에도 긍정적인 효과를 미칩니다.

학교생활에서 교우 관계가 미치는 영향력은 엄청납니다. 다정하고 포용력 있는 아이들은 환경에 자연스럽게 녹아들고 편안한 분위기를 조성하므로 또래 친구들도 친해지고 싶은 아이, 리더십 있는 아이로 인식합니다. 각양각색의 아이들이 존재하는 학교는 그만큼 여러 가지 모습의 다정함을 경험할 수 있는 좋은 공간입니다. 다양한 배경의 사람들과 접촉하고 교류하는 생활이 다정함에 아주 큰 영향을 미치지요. 코로나19가 휩쓸고 간 학교에는 비대면 수업 이후 학교 적응에 어려움을 느끼는 아이가 많아졌습니다. 학생과 학부모 개별상담을 해보니 친구들과의 부딪힘이나 관계 형성을 막연히 두려워하며 비대면에서 대면으로의 전환에 큰 스트레스와 부담을 느끼는 아이들이 있었습니다. 다른 사람을 마주하여 유의미한 소통을 할 기회가 줄어들다 보니 생긴 두려움입니다.

마음에서 우러나온 다정한 말 한마디는 소통의 두려움을 잊게 만드는 강력한 힘이 있습니다. 체육 대회를 준비하면서 종목별 참가자를 정할 때, 연희는 아직 종목이 정해지지 않은 현웅이에게 다가가 "현웅아, 넌 어떤 종목에 나가고 싶어?"라고 먼저 묻는 따뜻한 마음씨를 지녔습니다. 대회 중에 다친 선미를 보고는 "선미야 괜찮아? 같이 보건실 갈래?"라고 세심하게 챙기기도 했지요. 다정한 말 한마디로 먼저 손 내미는 연희에게 아이들은 고마움과 편안함을 느낍니다. 연희처럼 따뜻한 사람이 되고 싶다고 생각한 아이들은 기회가 오면 놓치지 않고 실행에 옮겨 마음의 온도를 더 올리고요. 다정함은 이렇게 전염되며 소통의 물꼬를 틉니다.

학교에서는 모범, 선행, 봉사, 자립, 효행 등 행동 분야의 표창 대상 학생을 선정할 때 투표를 진행하여 교사가 직접 관찰하지 못했던 부분까지 구체적으로 파악하고자 노력합니다. 평소에 다정한 말과 행동을 하는 아이를 교사 재량으로 선정할 수도 있지만, 좀 더 많은 시간과 노력이 필요하더라도 투표를 하면 더 의미 있는 결과를 얻을 수 있습니다. 친구들의 추천으로 표창 대상자가 된 아이는 학급 구성원에게 두루 인정받았다는 생각에 더욱 기뻐하지요. 투표 용지에 저마다 적은 추천 이유를 살펴보다 보면, 받은 표의 수는 적더라도 누군가에게는 숫자로 따질 수 없는 큰 고마움을 선사한 다정한 마음씨를 지닌 학생들을 확인할 수 있습니다. 그래서 투표는 평소 눈에 잘 띄지는 않지만, 주변 사람들에게 큰 힘이 되어주는 학생들을 파악할 수 있는 계기가 되기도 합니다. '다른 사람의 일인데도 자기 일처럼 응원해 준다, 말보다 행동으로 다른 사람을 도와준다, 다른 사람이 양보를 망설이는 상황에서 먼저 양보했다, 언제 어디서나 웃으며 인사해 준다, 고민이 있어 힘들어하는 내 옆에서 위로해 줘서 고마웠다'와 같이 소소하지만 진정성 있는 내용을 정리하다 보면 다정함으로 하나되는 아이들의 모습에 마음이 따끈따끈해집니다. 이렇게 기록해 둔 기특한 모습은 학교생활기록부 행동 특성 및 종합의견을 작성하기에도 좋은 자료입니다. 또한 주변 사람들에게 베푼 작은 다정함이 큰 감동을 줄 수 있다는 점을 알려주고 싶어 투표에서 나온 칭찬의 말들을 게시판에 붙여두면 아이들도 서로 몰랐던 친구의 모습을 발견할 수 있어 즐거워하고요.

다정함은 연대를 촉진해 인간 사회가 현재의 모습으로 발전할 수 있는 힘이 되어주었습니다. 다정한 아이는 타인을 향한 관심과 사랑을 실천하며 바람직한 사회성을 갖춘 사람으로 성장합니다. 다른 사람에게 관심 가지는 마음이 중요함을 알고, 그 관심과 애정을 표현하는 자세가 곧 다정함입니다. 축하할 일이 생기면 당사자보다 더 기뻐하고, 고마운 일은 절대 잊지 않고 감사의 마음을 반드시 전하는 사람들이 있지요. 친구의 생일이나 시험 합격 등 좋은 일에 축하를 전하고 싶어 머리를 맞대고 의논하는 아이들의 모습을 볼 때면 저절로 행복해집니다. 기쁜 일에만 함께하는 것이 아닙니다. 슬픈 일에도 같이 슬퍼하고 공감하며 위로의 말을 어떻게 건네면 좋을까 고심합니다. 마음이 지칠 때 서로의 버팀목이 되어 함께 어려움을 극복하다 보면, 끈끈한 연대 의식이 생겨 힘든 상황을 이겨내는 힘으로 작용하는 경우가 많지요. 부침이 많은 세상에서도 우리 아이들이 이런 다정함을 잃지 않고 말과 행동으로 실천하는 사람으로 자라면 좋겠습니다.

다정함으로 하나되는

아이들의 모습에

마음이 따끈따끈해집니다.

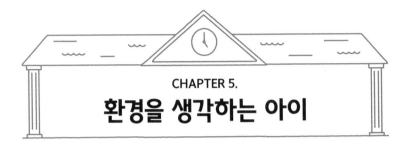

CHAPTER 5

환경을 생각하는 아이

인성 교육의 일부분으로 환경 교육의 중요성이 점점 더 커지고 있습니다. 미래 세대를 이끌어갈 아이들이 살아갈 환경이 안전하기를 바라는 부모의 마음은 모두 같을 텐데요, 아이들 세대부터 기후 변화로 인한 재앙에 크게 영향을 받을 거라는 암울한 전망이 속속 나오며 어른들의 마음은 무겁기만 합니다. 우리가 살아갈 환경에 대해서 제대로 알고 대응할 수 있는 역량을 키우는 것은 이제 단순한 관심이 아닌 생존 차원의 문제가 되었습니다. 유니세프UNICEF에 따르면, 환경 교육은 아이들이 기후 변화에 대비하고 책임 있는 시민으로서 환경 문제에 대응할 수 있게 준비시키는 데 중요한 역할을 한다고 합니다. 환경 교육은 단순히 환경 관련 정보를 제공하는 것을 넘어 아이들에게 비판적 사고, 문제 해결, 그리고 의사결정 능력을 키워주는 방법이기도 하지요.

행동하는 교육으로

학교에서는 환경 교육을 포함한 교과과정 외에도 여러 가지 활동을 기획해 아이들에게 환경보호 의식을 심어주고 있습니다. 교과과정에서는 도덕 과목에서 쓰레기 분리수거나 에너지 절약 캠페인, 지역사회 환경보호 등의 수업을 진행하고, 수학 과목에서 쓰레기 종량제에 관한 내용을 배우기도 합니다. 사회 과목에서도 님비Not In My Back Yard현상 등 사회 문제와 함께 환경 관련 주제를 많이 다루고요. 수업과 더불어 주변 환경 개선을 위한 쓰레기 줍기와 청소, 교내 텃밭 가꾸기, 환경보호 캠페인 피켓 만들기 등의 활동을 하며 아이들이 환경에 대한 관심을 놓지 않도록 지도합니다.

6월 5일은 세계 환경의 날입니다. 학교에서 이날을 맞아 환경보호 캠페인의 일환으로 '폐건전지의 날'과 '텀블러의 날'을 임의 지정해, 폐건전지의 날에는 집에 굴러다니는 폐건전지를 학교로 가져오도록 했습니다. 귀찮다는 이유로 폐건전지를 일반쓰레기로 버리는 경우가 많아, 아이들에게 올바른 분리배출 습관을 들여줄 필요가 있었지요. 다음 날 아이들이 약속대로 폐건전지를 가지고 왔습니다. 네 개, 한 주먹… 폐건전지를 건네받으며 '혹시 여기에 굴러다니는 폐건전지가 있지 않을까' 생각하면서 집안 구석구석을 찾아보았을 아이들을 떠올리니 귀여워서 흐뭇해하고 있던 때였습니다. 희주와 예인이, 지은이가 커다란 검은 봉지, 흰 봉지를 낑낑대며 가져옵니다. 안을 들여다보니 다양한 크기의 건전지로 가득 차 있습니다.

"에고, 많이 무거웠겠다. 어떻게 이렇게 많은 건전지가 집에 있었어?"

"집 이곳저곳에 굴러다니는 것들 모아서 가져왔어요. 서랍 곳곳에 있더라고요."

폐건전지를 찾겠다고 서랍이나 수납장을 일일이 열어보는 수고에 더해, 무게가 상당한 건전지들을 학교까지 가지고 오는 길은 꽤 힘들었을 것입니다. 하지만 그 무게를 느낀 아이들의 마음속에는 그만큼의 폐건전지가 함부로 버려졌을 때 환경이 얼마나 오염될지에 대한 위기감과, 지속가능한발전을 위해 올바른 분리배출을 해야겠다는 결심이 자리 잡았지요. 환경보호는 이론이나 말로만 되지 않습니다. 작은 일이라도 실천할 수 있도록 다양한 방법을 고민해야 합니다.

배움과 연대로 나아가다

쓰레기 섬, 미세먼지, 극단적인 기후 변화가 불러오는 자연재해…. 지구는 끊임없이 아프다는 신호를 보내고 있습니다. 환경 교육의 목표는 지구라는 환경을 공유하는 공동체에 대한 사랑의 실천이고 미래 세대를 위한 배려입니다. 주변에서 각종 환경 문제가 발생하고 있다는 인식은 누구에게나 있습니다. 다만 환경이 공공재의 성격을 띄다 보니 솔선수범해 나서기보다 '내가 왜?'라는 이기심과 포기하기 힘든 일상 속 편리함이 환경보호 실천을 가로막는 경우가 더러 생깁니다.

종례 후 학생들이 없는 교실에서도 깔끔하게 정돈된 주연이의 책상이 눈에 띕니다. 주연이는 다른 아이가 과자를 먹으려고 뜯은 포장지가 교실 바닥에 돌아다니면 자기가 주워 쓰레기통에 버립니다. '내가 버린 게 아니니까 치울 필요 없지'라고 생각하기보다는 '내가 치우면 교실이 깨끗해지니까 좋지'라고 여기는 태도에서 나온 행동이지요. 자기가 사용하는 공간을 깨끗하게 정리한 뒤에 쾌적한 환경에서 학습의 몰입도 역시 높아집니다. 특히나 교실, 기숙사와 같이 다른 사람과 함께 사용하는 공간에서는 주변 환경을 청결하고 깔끔하게 유지하려고 노력해야 합니다. 나뿐만 아니라 모두가 환경에 영향을 받으니까요. 거시적으로 접근할 필요성이 있는 환경 문제이지만, 아이들은 우선 이렇게 가까운 곳에서 깨끗한 환경의 중요성을 경험하고 스스로 그러한 환경을 만들어 나가는 일부터 시작해 공동체와의 연대로 점차 시야를 넓혀나갈 수 있습니다.

환경은 우리 모두의 문제이므로 아이들의 마음속에 지속가능한발전을 위하는 정서적 연대감을 심어주어야 합니다. 아이들과 함께 탄소발자국[20] 찾기 활동을 해보세요. 탄소발자국이란 개인 혹은 단체가 직간접적으로 발생시키는 온실가스의 총량을 말합니다. 한국기후·환경네트워크 누리집*에서 전기, 가스, 수도, 교통 사용량으로 온실가스 배출량을 계산해 보고, 생활 속에서 이산화탄소 발생을 줄이는 실천 방법도 확인할 수 있습니다. 물 받아 설거지하기, 사용하지 않는 전자기기 플러그 뽑기, 샤워 시간 줄이기 등 생활 수칙 바꾸기 실천 서약도 써보세요. 아이들이 미처 의식하지 못했던 자신의 생활 방식을

---

* https://www.kcen.kr/tanso/intro.green

되돌아보는 계기가 될 것입니다. 일상에서 환경보호를 위한 행동을 함께 생활화하며 환경 문제는 모두의 책임이라는 연대감을 형성해 나가야 합니다.

통합사회 수업 시간에 '합리적 선택'의 한계를 다룰 때 해양 쓰레기를 수거하는 장면을 보여줍니다. 매년 엄청난 양의 해양 쓰레기가 발생하는 상황에서 조금이라도 배출량을 줄이는 방법에는 무엇이 있을지 생각해 보도록 하지요. 최소 비용으로 최대 이익을 얻기 위한 합리적 선택은 효율성을 높이는 방법입니다. 그러나 개인과 기업의 합리적 선택이 환경에 부정적인 영향을 미치는 등 공공의 이익을 해치는 결과로 이어질 수도 있습니다. 그러므로 상품이 생산되기까지의 전 과정이 소비와 연결되어 있다는 점을 인식하는 윤리적 소비, 기업 윤리를 토대로 건전한 이윤을 추구하려는 기업가의 사회적 책임 의식이 필요합니다. 대부분 소비자 입장인 아이들에게 그동안의 소비 경험을 되돌아보고, 무심코 사용하던 물건이 어느 나라에서 어떻게 만들어졌는지 생각해 보도록 합니다. 그리고 개인의 윤리적 소비가 모이면 기업의 생산 방식을 환경친화적으로 변화시키는 힘이 생길 수 있다는 점을 가르칩니다. 이 또한 연대의 한 가지 방식임을 알려주는 것이지요.

그림 6-1, 6-2. 직접 제작한 기후 위기 관련 수업 자료 이미지

지난 2022년 서울에 큰 수해가 발생하고 나서, 도서부 아이들을 대상으로 기후 위기 관련 수업을 진행했습니다. 1차시에는 뉴스 자료를 보여주며 이상기후로 인해 발생한 다양한 사건 사고를 들여다보고, 환경 재난으로 생기는 사회적 비용과, 수해에 더욱 취약한 사회적 약자의 상황에 대해 아이들의 감상을 들었습니다. 2차시 전에 미리 환경 관련 도서를 읽어 오는 과제를 내주었고, 수업 날에는 먼저 기후변화에 관한 자료를 통해 배경지식을 넓혔습니다. 그런 다음 각자 읽어 온 책 내

용을 짝에게 설명한 후, 새로 알게 된 내용을 정리해 발표하는 수업을 진행했지요. 아이들이 코앞에 다가온 환경 문제를 피부로 느끼고 공감할 수 있는 시간이었습니다.

환경 교육은 국가적인 관심을 요하는 사업이기도 해서, 정부 차원에서 무료로 제공하는 좋은 자료와 프로그램들이 많이 있습니다. 국가환경교육 통합플랫폼**에서 환경일기장, 환경교육워크북 등의 자료를 내려받아 활용해 보세요. 다양한 영상자료도 시청할 수 있고, 환경 관련 여러 이벤트와 프로그램들을 상세히 안내해 참가 신청을 돕고 있습니다. 배움의 기회는 많으면 많을수록 좋지요.

환경 문제의 해결에는 지속적이고 일관된 행동과 실천이 필요합니다. 그래서 학교에서의 활동과 연계해 가정에서의 환경 교육도 매우 중요합니다. 아이들에게 재활용, 에너지 절약, 물절약을 강조하고 간단한 일이라도 습관을 들여 계속 지키도록 격려해 주세요. 가끔씩 자연과 교감할 수 있는 가족 여행을 떠나는 건 어떨까요? 산이나 바다에 놀러 갔다가 돌아올 때 내가

** https://www.keep.go.kr/

있던 자리를 정돈하고, 쓰레기를 주워 모아 오는 자체로 훌륭한 환경 교육이 됩니다. 환경보호에 관한 책이나 '내셔널 지오그래픽National Geographic' 같은 환경 다큐멘터리 채널을 구독해 보면서 대화하거나 감상문 쓰기를 해도 좋습니다. 가정에서 이루어지는 활동을 통해 학교에서의 환경 교육이 연속성을 유지할 수 있고, 이는 아이들이 환경에 책임감 있는 태도를 기르는 초석이 됩니다.

환경을 생각하는 아이로 키운다는 건 단순히 지식을 전달하는 게 아니라, 삶의 방식과 태도를 교육하는 일입니다. 가정과 학교가 함께 노력함으로써 지속가능한 미래를 책임지고, 동시에 그 혜택을 누리는 다음 세대를 양성해야 합니다.

환경보호는
이론이나 말로만
되지 않습니다.

LIST

학교와 가정에서 함께하는 환경보호 활동

_김건

작은 실천이 큰 변화를 부른다

열두 살에 재활용 회사 CEO가 된 라이언 히크먼Ryan Hickman을 아나요? CNN에서 젊은 인재상을 받기도 한 히크먼은 버려진 쓰레기로 해양생물이 고통받고 있다는 사실을 안 뒤 쓰레기 줍기 봉사활동을 시작했습니다. 그 과정에서 일부 재활용 쓰레기를 수거하면 돈이 된다는 것을 배우면서 아주 어린 나이에 한 사업체의 CEO가 되었지요. 이처럼 환경보호 활동은 아이들에게 다양한 영감과 기회를 줄 수 있습니다.

학교에서 실제로 활용하는 환경보호 활동 아이디어를 소개합니다. 참고해서 가정에서도 아이와 함께 실천해 보세요. '1365 자원봉사 포털'을 통해 공식적으로 봉사활동을 하면 나이스NEIS와 연계해 생활기록부에도 기록할 수 있습니다.

> **1365 자원봉사 포털 누리집 주소**
> https://www.1365.go.kr/vols/main.do

■ 재활용 프로그램 운영하기

재활용할 수 있는 특정 물건들을 일정 개수 모아 오면 보상해 주는 방식입니다. 이렇게 모아놓은 재활용품은 '자원 순환 실천 플랫폼'*에서 현금으로 보상받을 수도 있습니다.

■ 식물 가꾸기

환경 교육으로 폭넓게 활용됩니다. 방울토마토, 개운죽 같은 식물을 기르면 과학 지식도 생기고 아이의 정서적 안정에도 도움이 됩니다. 학교 교육과정과 연계하여 배추흰나비를 가정에서 길러보는 것도 좋습니다.

■ 쓰레기 줍기

일반적인 쓰레기 줍기도 좋지만, 걸으면서 쓰레기를 줍는 '플로깅(스웨덴어의 줍다plocka upp와 조깅하다jogga를 합성해 만든 단어)'을 해보는 건 어떨까요? 걷기와 쓰레기 줍기를 동시에 하며 건강도 챙기고 비슷한 관심사를 가진 사람들과 교류하는 기회도 됩니다.

■ 에너지 절약 캠페인

4월 22일 지구의 날에 소등 행사에 참여하거나, 탄소발자국 계산, 에너지 관련 뉴스를 보며 아이가 주로 지내는 공간이나 특정 상황에서의 에너지 절약 아이디어 제안하기 등의 활동을 할 수 있습니다.

---

* https://www.recycling-info.or.kr/act4r/main.do

■ 환경 교육 강연 참석하기

연중 다양한 환경 교육 강연이 열립니다. 학교알리미를 통해 외부 기관 강연 안내가 종종 나가고 있으니 관심을 두고 찾아보면 아이가 흥미를 느낄 만한 주제의 강연을 발견할 수 있을 것입니다.

■ 환경 영화 시청하기

〈마이어 씨와 생태발자국〉, 〈해피 피트〉, 〈에린 브로코비치〉, 〈투모로우〉, 〈폼포코 너구리 대작전〉, 〈월-E〉 등 환경을 주제로 한 영화를 함께 시청하고 이야기 나눕니다.

■ 친환경 캠페인 포스터 만들기(공모전 참가)

많은 학교에서 환경 교육의 일환으로 해마다 캠페인 포스터 만들기를 진행합니다. 공모전에 참가할 수 있는 기회도 있으니 만약 학교에서 하지 않는다면 개인적으로 포스터를 만들어 참가해 보면 어떨까요!

■ 폐종이 줄이기

폐종이를 줄이기 위해 학교에서도 이면지 활용을 적극 권장하고 있습니다. 이면지 함을 만들어 모아둔 뒤 글을 쓰거나 그림 그리는 데 쓰면 자원을 절약하는 뿌듯함을 느낄 수 있습니다.

4부: 인용 및 참고문헌

1 유정오 (2022) 경청이 또래관계에 미치는 영향-예의지키기와 공감의 매개효과를 중심으로-, 화법연구, 57, pp.77-114.

2 조용길 (2012) 건설적 상담대화와 '적극적 경청', 독어학, 25, pp.267-287.

3 백미숙 (2006) 의사소통적-치료적 관점에서 듣기와 공감적 경청의 의미, 독일언어문학, 34, pp.35-55.

4 조용길 (2012) 건설적 상담대화와 '적극적 경청', 독어학, 25, pp.267-287.

5 상동.

6 김기헌, 장근영, 조광수, & 박현준 (2010) 청소년 핵심역량 개발 및 추진방안 연구, 한국청소년정책연구원 연구보고서.

7 Gattino, S., De Piccoli, N., Fassio, O., & Rollero, C. (2013) Quality of life and sense of community: A study on health and place of residence.

8 김시현 (2023) 초등학생의 공동체 의식에 영향을 미치는 요인 탐색, 교육문화연구, 29(5), pp.381-402.

9 박수원, 김샛별 (2016) 자기회귀교차지연 모형을 적용한 청소년의 사회적 관계성과 공동체의식 간의 종단적 관계 검증, 한국청소년연구, 27(2), pp.5-32.

10 김위정 (2016) 학생자치활동 경험이 공동체의식에 미치는 영향: 혁신학교와 일반학교 비교, 한국청소년연구, 27(1), pp.179-203.

11 Roussi, P., Rapti, F., & Kiosseoglou, G. (2006) Coping and psychological sense of community: An exploratory study of urban and rural areas in Greece. Anxiety, Stress, and Coping, 19, pp.161-173.

12 Greenfield, E. A., & Marks, N. F. (2010) Sense of community as a protective factor against long-term psychological effects of childhood violence, Social Service Review, 84, pp.129-147.

13 Helman, Léon Festinger, et al., *When Prophecy Fails: A Social and Psychological Study of a Modern Group that Predicted the Destruction of the World,* Harper Torchbooks, 1954.

14 김미영, 〈대입 성공의 키워드 입시정보… 어디까지 아세요?〉, 《한겨레》, (2024.01.29) https://www.hani.co.kr/arti/society/schooling/1126371.html

15 연합뉴스, 계승현, 안정훈, 최원정, 이율립, 〈주요 대학 "변별력 위해 학생부·면접 비중 커질 것"〉, (2023.12.27.) https://www.yna.co.kr/view/AKR20231227070400004?input=1195m

16 〈2024학년도 서울대학교 학생부종합전형 안내〉, 서울대학교 입학처, 2023, p.8,14,17.

17 〈NEW 학생부종합전형 공통 평가요소 및 평가항목〉, 건국대, 경희대, 연세대, 중앙대, 한국외대 입학처, 2021, pp.37~44.

18 Scholastic, Staff, S. P., 《13 ways to raise a caring and compassionate child》, (2018.12.07.) https://www.scholastic.com/parents/family-life/social-emotional-learning/social-skills-for-kids/13-ways-to-raise-caring-and-compassionate-child.html

19 스테퍼니 프레스턴, 《무엇이 우리를 다정하게 만드는가 - 타인을 도우려 하는 인간 심리의 뇌과학적 비밀》, 허성심 역, 서울: 알레, 2023.

20 국가법령정보센터-행정규칙, 〈환경성적표지 작성지침〉, (2017) http://www.law.go.kr/admRulLsInfoP.do?admRulSeq=2100000083694

닫는 글

원고를 보내고 시일이 흘러 다시 찾아온 봄, 책의 끝부분인 에필로그를 쓰며 '정말 책이 나오는구나'라는 반가움과 함께 책임감이 깃듭니다. 사서교사로서 많은 책을 접해 오다 책을 내어놓는 입장이 되니 감회가 새롭습니다.

아이 한 명 한 명이 더더욱 귀한 세상이 되었습니다. 그렇게 소중한 우리 아이들의 삶이 조금 더 편하고 행복하도록, 학교 안의 생활과 그 너머의 삶을 도울 수 있는 가치들이 무엇일까 고민하면서 쓴 책입니다. '내가 우리 학교 학생들의 나이였을 때 가장 필요했던 것은 무엇이었을까? 어떤 조언을 해주는 어른이 있었더라면 좋았을까?' 이런 질문들을 던지며 생각해 보니, 무엇보다 하루하루 어떻게 생활하면 좋을지 마음가짐에 참고할 만한 조언을 받았더라면 좋았겠다는 생각이 들었습니다. 학교생활을 하며 무엇이 필요한지 몰라 헤매고, 놓치고, 또 흘려보낸 시간이 많다면 나중에 뒤를 돌아보았을 때 무척 아깝겠지요. 여행을 떠나기 전에 필요한 것들을 알아보고 준비물을 챙기면 어떤 일이 생겨도 두렵지 않은 내면의 자신감을 충전할 수 있고, 더욱 알찬 경험을 얻어 오게 됩니다. 학교라는 공간에 발을 내디딘 후 10년이 넘게 생활해 나갈 아이들과 부모님들께 이 책이 여행을 준비할 때 챙기는 지도처럼 하나의 길잡이가 되기를 바랍니다.

학교에서는 매년 졸업하는 아이들을 보내주고 또 새로운 아이들을 맞이합니다. 각급 학교 교사 넷이 모여 학교를 거쳐가는 모든 아이가 즐겁고 보람 있게 생활하며 성장할 수 있으려면 어떻게 해야 할까 고민한 결과, 무엇보다 인성 교육이 바탕이 되어야 한다는 결론을 내렸습니다. 이 책에서 제시한 다양한 인간상은 공교육 교육과정의 핵심역량으로 꼽히기도 한 것들입니다. 하나하나 살피면서 우리 아이의 강점을 알아본다면 학교생활을 하면서 그 능력들을 더욱 잘 살리도록 조언해 줄 수 있겠지요. 또한 부족한 부분이 있다면 교사와 부모가 아이와 힘을 합쳐 함께 개발해 나가면 좋겠습니다.

인성 교육이 중요하다는 생각은 누구나 가지고 있을 것입니다. 하지만 어떻게 교육해야 하나, 어디서부터 시작해야 하나, '인성'이라는 단어가 주는 모호함과 막막함에 길을 잃은 마음이 들기도 합니다. 이 책에서 생생한 실제 사례 예시와 현장의 목소리를 만나보면 그런 마음이 조금은 덜어지지 않을까 합니다.

함께 집필한 세 분의 저자 선생님, 출간 작업에 애써주신 모든 분, 그리고 이 책을 선택해 주신 독자에게 감사의 마음을 전합니다. 모든 아이가 훗날 돌아보았을 때 즐겁고 보람찬 학교생활을 보낼 수 있기를 기원합니다!

학교가 즐거운
아이로 키우기

초 판 1쇄 발행 2024년 6월 20일

지은이	김건 · 문서림 · 박경영 · 최명주
발행처	북하이브
발행인	이길호
편집인	이현은
편 집	이호정
마케팅	이태훈 · 황주희
디자인	하남선
제작·물류	최현철 · 김진식 · 김진현 · 심재희
재 무	강상원 · 황인수 · 이남구 · 김규리

북하이브는 ㈜타임교육C&P의 단행본 출판 브랜드입니다.

출판등록	2020년 7월 14일 제2020–000187호
주 소	서울시 강남구 봉은사로 442 75th Avenue빌딩 7층
전 화	02-590-6997
팩 스	02-395-0251
이메일	timebooks@t-ime.com
인스타그램	@time.books.kr

ISBN 979-11-93794-55-5